"十四五"时期水利类专业重点建设教材

堤防工程系统风险评估与管理

蒋水华　吴海真　著

U0291640

中国水利水电出版社
www.waterpub.com.cn
·北京·

内 容 提 要

本书围绕鄱阳湖区圩堤及蓄滞洪区风险评估及防洪抢险这一行业背景,论述了国内外堤防工程失事溃决风险、洪水演进模拟以及标准化管理等方面的研究进展,建立了含多破坏模式的堤防工程失事概率模型,开发了蓄滞洪区溃堤洪水演进模拟及损失评估模型,建立了溃堤洪水动态避险转移模型,搭建了堤防工程全寿命周期风险评估与管理框架,提出了堤防工程多元风险指标评价方法,构建了基于风险的堤防工程标准化管理体系。

本书内容丰富、理论新颖、实用性较强,计算程序应用价值大,适用于水利水电工程、农业水利工程和土木工程等相关专业教师和研究生,也可作为高等院校相关专业本科生和研究生的教材和学习参考书,还可供水利水电行业和其他相关行业的科技人员、工程设计从业人员参考使用。

图书在版编目(CIP)数据

堤防工程系统风险评估与管理 / 蒋水华, 吴海真著
. -- 北京 : 中国水利水电出版社, 2023.7
"十四五"时期水利类专业重点建设教材
ISBN 978-7-5226-1627-8

Ⅰ. ①堤⋯ Ⅱ. ①蒋⋯ ②吴⋯ Ⅲ. ①堤防-防洪工
程-风险评价-高等学校-教材 Ⅳ. ①TV871

中国国家版本馆CIP数据核字(2023)第132395号

书　　　名	"十四五"时期水利类专业重点建设教材 **堤防工程系统风险评估与管理** DIFANG GONGCHENG XITONG FENGXIAN PINGGU YU GUANLI
作　　　者	蒋水华　吴海真　著
出 版 发 行	中国水利水电出版社 (北京市海淀区玉渊潭南路 1 号 D 座　100038) 网址: www.waterpub.com.cn E - mail: sales@mwr.gov.cn 电话: (010) 68545888 (营销中心)
经　　　售	北京科水图书销售有限公司 电话: (010) 68545874、63202643 全国各地新华书店和相关出版物销售网点
排　　　版	中国水利水电出版社微机排版中心
印　　　刷	清淞永业 (天津) 印刷有限公司
规　　　格	184mm×260mm　16 开本　11.5 印张　280 千字
版　　　次	2023 年 7 月第 1 版　2023 年 7 月第 1 次印刷
印　　　数	0001—1000 册
定　　　价	**49.00 元**

凡购买我社图书,如有缺页、倒页、脱页的,本社营销中心负责调换
版权所有·侵权必究

　　堤防工程是抵御洪水泛滥的最后一道屏障，是我国防洪工程体系中极其重要的组成部分。我国大部分的堤防工程主要是在 20 世纪 50 年代末和 60 年代初建设完成。在长期与洪水抗争的过程中，经受住了一次又一次的考验，也暴露出我国堤防工程建设中存在的诸多不可忽视的问题。在高洪水位、长时间浸泡的作用下，不同程度的渗透破坏、滑坡、侵蚀等险情非常严重。此外，长江流域于 1998 年发生了罕见的全流域特大洪水，并且于 2020 年再次发生了超 1998 年的特大洪水，长江流域堤防工程经受了严峻的考验，同时暴露出许多问题：一方面部分堤防防洪标准偏低，在汛期高水位时要靠临时构筑的子堤来挡水；另一方面由于历史遗留问题，存在堤身土质不均匀，堤基地质条件差和堤后渊塘众多等问题。因此，深入研究堤防工程系统破坏机理、成因机制、可靠度以及风险评估与管理等问题，对于制定抗洪抢险措施、减少洪涝灾害损失、健全堤防工程体系、完善堤防工程系统风险评估与管理理论和方法等具有重要的科学意义和工程应用价值。

　　本书系统总结了堤防工程失事概率及风险分析研究进展，统计分析了堤防工程中存在的多种不确定性因素，阐明了堤防工程系统的多种破坏模式，并发展了下游和蓄滞洪区溃堤洪水演进数值模拟方法，估算了溃堤洪水造成的生命损失、经济损失和生态环境损失，进而建立了溃堤洪水动态避险转移模型，为溃堤洪水灾害风险评估与管理以及指导抗洪抢险、转移安置潜在风险人员奠定了基础；同时，建立了基于霍尔三维结构的堤防工程系统分析模型，与堤防工程规划设计、施工建造及运营服务的全寿命周期风险管理活动有效结合，搭建了堤防工程全寿命周期风险评估及管理的技术框架，并从工程结构系统、预警系统和社会经济环境系统三个方面构建了多元化风险评估指标体系，克服了指标单一化、片面化的缺点，提高了风险评价准确性和降低了结果主观性；最后，引入"风险"概念，构建了基于风险的堤防工程标准化管理体系，可为开展堤防险情应急抢险工作提供最直观的指导。同时，本书介绍了一些与圩堤应急抢险理论与实务、圩堤防汛抢险相关的科普知识，能够弥补一些从业人员防洪抢险知识的空缺。

　　书中系统总结了堤防工程系统破坏模式、可靠度计算、洪水演进模拟、避险转移、风险评估与管理等方面的研究进展，旨在推动堤防工程风险评估与管理研究，健全堤防工程标准化管理体系建设，提升堤防工程防洪能力。本书相关研究工作得到了国家自然科学基金优秀青年科学基金项目（52222905）、国家自然科学基金面上项目（41972280、52179103、42272326）、江西省自然科学基金项目（20224ACB204019、2018ACB21017）、江西省水利科学院开放研究基金项目（2021SKSG02）、江西省水利科技计划项目重点课题（KT201534、202325ZDKT07）和南昌大学本科教材资助项目的资助。作者团队围绕这些科研项目展开研究，深化了对堤防工程系统破坏模式、风险评估与管理理论和方法的认识，在此对上述项目的资助表示感谢。另外，刘贤、黄中发、支欢乐和李文欢等研究生为完成本书付出了大量的心血，在此表示感谢。同时衷心感谢南昌大学周创兵教授、武汉大学李典庆教授、澳大利亚纽卡斯尔大学黄劲松教授、江西水利职业学院况卫明高工、江先河高工和张颖高工以及江西省水利科学院雷声教高和万怡国教高等为本书研究所给予的指导帮助和提供的重要资料。本书在编写过程中，引用和参考了很多国内外同行发表的专著、论文等科研成果和资料，在此一并衷心致谢！

由于作者水平所限，书中难免存在不足之处，恳请读者批评指正。

作者

2023 年 1 月

目录

第1章 绪 论

1.1 研究背景

新中国成立以来，虽然我国对大坝、堤坝等水利工程进行了一系列的重建、除险加固等整治工作，使得我国防洪体系日趋完善，但是大部分堤防经历了多次维修加固，堤身材料复杂、老化且不均匀，在汛期高洪水位以及长时间浸泡和冲刷作用下，我国堤防工程系统仍然暴露出许多问题，容易发生漫顶或漫溢溃堤、渗透破坏、滑坡和侵蚀等险情。江西省鄱阳湖区有重点圩堤 46 座、一般圩堤 109 座，共保护耕地 473.96 万亩，保护人口 815.85 万人。其中保护耕地面积 3000 亩以上的圩堤有 155 座，堤线总长 2460km；保护耕地面积 1000 亩以上的圩堤有 288 座，堤线总长近 3000km[1]。这些堤防肩负着保护湖区人民生命财产安全的重要防洪任务，发挥了巨大的经济效益和社会效益，然而它们的防洪标准普遍偏低，大部分堤防建设时就地取材，在原有堤防基础上加高培厚而成，存在施工接头多、堤基地质条件差、充填质量低、覆盖薄弱、受人为活动影响和动物洞穴威胁大等病险问题[2]。堤防一旦遭遇超标准洪水发生溃决，后果将不堪设想。不仅会威胁到相关建筑物的正常运行及安全，而且会对下游和蓄滞洪区内人民生命财产安全、经济社会及生态环境造成毁灭性灾害。如 1998 年长江流域发生特大洪水，九江站水位超过历史最高水位长达 40 天，城区堤防多处出现堤身或堤基散浸、泡泉、脱坡等险情。并于 1998 年 8 月 7 日，在城区长江干堤 4～5 号通道闸之间出现近 60m 长的堤段溃口，致使堤内大面积房屋及耕地受淹[3]。2020 年 7 月，长江中下游地区再次发生特大洪水。根据当地水文部门最新监测数据，7 月 14 日当天康山大堤的堤前水位已经达到 22.32m，堤防出现大面积脱坡险情。高洪水作用下渗透破坏引起的堤防溃决是堤防工程常见的失事模式，其严重性应引起相关科研人员和工程技术人员的高度重视。为科学合理地预测、评估和防治堤防溃决风险，亟须深入开展堤防工程系统风险评估与管理研究。

堤防是赋存于一定水环境中受水文和水力等多因素作用的岩土工程结构，存在堤身土质不均匀、堤基地质条件差、堤后渊塘众多等缺陷。现有的堤防大多是历史上经过多次翻修、破坏、再修复加固而逐渐修筑形成，这些不利因素导致堤防土层分布及材料参数存在较大的不确定性[4]，使得堤防工程系统风险评估成为一个关键技术难题。传统的定值设计方法获得的安全系数难以合理解释堤防工程实际中存在的多种不确定性因素的影响，不足以确切表征堤防工程结构安全度。相比之下，以概率论、数理统计和可靠度为基础的风险分析方法能够有效考虑工程实际中多种不确定性、荷载和抗力效应变异性的影响。以失效概率来表征堤防工程溃决风险，通常失效概率越大则发生溃堤风险越大，反之则发生溃堤风险越小。当然，在以失效概率表征堤防工程系统可靠度的基础上，也不能忽略风险的另一重要方面，即溃堤洪水造成的损失。对于鄱阳湖区重点堤防工程而言，洪水作用于人类社会和堤防工程这些主体时，一旦灾害强度超出堤防工程承灾能力便会形成堤防溃决灾害，这将会对工程周边和下游或蓄滞洪区造成重大的生命财产、经济社会和生态环境损失。然而，溃堤洪水造成的损失一般难以准确度量，通常采用定性结合半定量的方法来评估，导致主观因素会直接影响评估结果，损失评估后果存在一定的误差。因此，综合考虑多种不确定性的影响，系统深入开展堤防工程可靠度、风险评估及风险管理研究对于有效防治溃堤洪水灾害具有重要的工程应用价值。

1.2　国内外研究进展

1.2.1　堤防工程失事模式研究

堤防工程是国内外最早广泛使用的防洪工程，我国大部分堤防主要是在 20 世纪 50 年代末和 60 年代初建设完成。在当时社会背景下，堤身材料主要是就地取材，存在工程质量较差等病险问题。随着时间的推移，堤内人口密度和经济财产等均逐年增加，一旦人为或自然等原因导致堤防破坏，洪水灾害便会对工程周边、下游或蓄滞洪区人民生命财产、经济社会和生态环境造成不可估量的危害。1998 年特大洪水之后，虽然普遍对原有堤防进行了加高培厚处理，堤防溃决破坏案例逐年减少，但是 2020 年 7 月上旬再次出现的超 1998 年特大洪水，造成鄱阳湖区洪灾险情严重，尤其是鄱阳县县域内河流、湖泊水位暴涨，全县有 14 座圩堤出现决口险情。因结构失事导致的堤防失事依然是堤防工程系统风险控制的重要内容。深入研究堤防工程破坏机理、成因机制以及失事风险对于保证堤防工程安全运行具有重要的科学意义。

堤防工程在汛期极易发生三种险情：水文失事、渗透破坏和堤坡失稳破坏[5]。

（1）水文失事包括洪水漫顶和漫溢造成的堤防失事。邢万波[6]指出洪水漫顶造成溃堤失事概率不等同于洪水漫顶失事概率，认为水文失事概率等于考虑洪水漫顶贡献权重的堤防漫顶失事概率与漫溢失事概率之和。丁丽[7]针对不同堤段特点，选择反映水文失事风险特性的风险因子，构建风险因子网络体系，分析堤防水文失事风险。Steenbergen 等[8]认为堤防工程破坏的原因归结于洪水漫过堤顶导致内坡面发生侵蚀破坏所致，并根据堤防失效临界流量建立堤防工程洪水漫溢极限状态函数。解家毕等[9]分析了堤防洪水漫顶可靠度与设计洪水标准、堤顶高程和设计风速等指标之间的相互关系，并建立了堤防洪水漫顶可靠度计算模型。Remmerswaal 等[10]采用随机物质点法考虑土体不排水抗剪强度空间变异性模拟了洪水漫顶引起的堤防破坏全过程，并评估了对应的溃堤洪水风险。Flynn 等[11]采用数据驱动模型估算洪水漫溢引起的河道堤防溃决概率。综上，堤防工程水文失事分析中洪水位不是唯一的影响因素。如果只考虑水位不确定性的影响，水文失事概率大致等于洪水漫顶概率，这将会导致错误的水文失事风险评估结果。

（2）在堤防工程渗透破坏方面。邢万波[6]将堤防工程渗透破坏描述为堤防背水面水力坡降超过堤身或堤基土质本身抗渗临界坡降所引起的破坏，据此基于背水面最大水力坡降和抗渗临界水力坡降建立堤防工程渗透破坏极限状态函数。朱勇华等[12]推导了不透水堤基、透水堤基和二元地基的土堤渗透破坏概率计算公式。Schweckendiek 等[13]模拟了管涌发展全过程，构建了堤防管涌不同发展阶段对应的极限状态函数，进而分析了堤防工程管涌概率。Gottardi 等[14] 建立了考虑河流水位变化的边界条件，进而研究了土壤非饱和度及相关的水力参数不确定性对现有堤防破坏概率的影响。高延红等[4] 分析了堤防渗透破坏广义抗力，调查了渗透水流路径和出逸点水力坡降对堤防渗透破坏概率的影响。韦鹏昌等[15] 采用非侵入式随机分析方法计算了堤防工程渗透破坏概率。张秀勇等[16] 分析了黄河下游堤防渗透破坏特征，并结合蒙特卡洛模拟与有限单元法求解了堤防渗透破坏概率。文锋等[17] 综合考虑水位和各土层渗透系数的不确定性，建立了堤防渗透破坏风险计算模型。柯浩进等[18] 采用反向传播神经网络和蒙特卡洛模拟方法计算了堤防渗透破坏概率。雷鹏等[19] 采用拉丁超立方抽样方法分析了不同洪水位下堤防渗透破坏风险。Robbins 等[20] 采用随机有限元方法考虑土体渗透系数及临界水力坡降空间变异性研究了管涌可靠度问题。目前，渗透破坏概率计算主要是以渗透坡降建立渗透破坏极限状态函数，并且关于管涌、流土及接触冲刷等引起的堤防渗透破坏问题研究较少。

（3）在堤坡失稳研究方面。韦鹏昌等[15] 采用简化毕肖普法和蒙特卡洛模拟方法计算了鄱阳湖区长乐堤防堤坡失稳概率。邢万波[6] 分析了静力条件下单元堤段岸坡失稳条件概率。王亚军等[21] 发展了考虑滑动失效和渗透破坏模式的堤防工程系统广义模糊随机可靠度算法。王洁[22] 考虑堤坡失稳和洪水位之间的联系，再基于岸坡稳定风险模型计算了堤坡失稳概率。王靖文等[23] 在堤防失稳机理分析的基础上，构建了堤坡失稳故障树模型计算堤坡失稳概率。Gast 等[24] 基于静力触探试验数据表征堤防土层参数空间变异性，进而评价荷兰某堤防工程可靠度。Krogt 等[25] 采用某堤防工程施工阶段信息更新洪水条件下堤防可靠度评估。邬爱清和吴庆华[26] 研究了管涌、崩岸、接触冲刷及堤防溃决等四种主要险情的演化规律及致灾机制，并进行了堤防工程安全运行风险评价。Pol 等[27] 调查了堤坡失稳破坏模式和管涌破坏模式之间的相关性对堤防失事概率的影响。工程实际中，堤防失稳主要表现为局部塌陷和滑动破坏。遗憾的是，目前大多是按照土坡滑动破坏模式计算堤坡失稳概率，没有解释堤坡渐进破坏全过程。

1.2.2 溃堤洪水演进模拟研究

鉴于溃堤洪水演进过程的复杂性以及现场试验数据及监测资料有限，常规的室内模型试验难以准确模拟溃堤洪水演进过程，难以测量溃口流量、水深、流速、峰现时间等关键信息，即使采用卫星遥感技术、无人机航拍技术、激光雷达技术、GPS 高精度测绘技术等国际较先进技术也只能跟踪测量水位变化过程，目前关于非恒定流的测量研究不够。相比之下，采用数值模拟技术进行堤防溃决洪水演进模拟，可以获得通过不同断面的流量与水位变化过程、溃口形状发展过程以及洪水宣泄至下游的水深、流量及流速变化过程，还可以统计出洪水淹没范围，进而为堤坝失事风险评价奠定基础。如 Tucciarelli 等[28] 和李大鸣等[29] 分别采用有限差分法、有限元法和有限体积法模拟了蓄滞洪区洪水演进过程。然而，在长期工程实践中发现这三种方法的建模推导及计算过程均较为复杂，计算量大。随着地理信息系统技术的迅速发展，一维、二维水动力学方法为模拟洪水演进过程提供了新的思路。如魏凯等[30]、袁雄燕等[31]、王崇浩等[32]、郭凤清[33]、王扬等[34]、朱世云等[35]、Morales 等[36] 和 Bladé 等[37] 利用一维或二维水动力学方法建立 MIKE 21 FM 模型，分别模拟了蓄滞洪区、大坝溃决、河湖和溃堤洪水演进过程，在短时间内得到了较为准确的洪水淹没信息，并且能够实时观察淹没信息的发展过程，进而可根据该淹没信息制定相关的防洪抢险决策指导方案。黄琳煜等[38]建立了 MIKE URBAN 与 MIAKE 21 耦合模型，调查了浦东川沙地区出现涝点和积水的原因。穆聪等[39]归纳总结了 MIKE 内部各个模型的基本原理、特点及其适用范围，并指出了 MIKE 模型在溃堤洪水演进模拟方面存在的局限性。Jiang 等[40]等发展了基于 MIKE 21 FM 模型的洪水演进模拟方法，建立了基于蓄滞洪区洪水演进淹没数据的损失评估方法，在此基础上划分灾区内受灾等级，将洪水演进与损失计算有机结合，估算了蓄滞洪区生命损失、经济损失和生态环境损失，为蓄滞洪区防汛抢险决策方案制定提供了参考。Zolghadr 等[41]系统介绍了 MIKE 21 二维水动力模型的应用与验证、堤坝决口周围水流模拟和决口外洪泛区的绘制方法，并利用现有的决堤实验数据评价了 MIKE 21 在决堤洪水模拟中的性能。Karim 等[42]描述了一种基于水动力模型（MIKE 21）量化洪水引起的漫滩连通性方法，并采用该方法计算了澳大利亚昆士兰州北部 Tully-Murray 流域几个漫滩湿地和河流之间的连接时间、持续时间和空间范围。Jiang 等[43]采用 MIKE 21 模拟了溃堤洪水在珠湖蓄滞洪区中的演进过程，并评估了对应的生命、经济和生态环境风险。

1.2.3　溃堤洪水避险转移研究

堤防一旦发生溃决，颓势已然无法挽回，此时如何有效快速地组织防洪保护区内的居民及其财产物资快速、安全地转移到安置点，成为保障居民生命财产安全的最后一道防线，避险转移是防控洪水风险的最后一个非工程措施。为在最大程度上保障居民生命财产安全并为管理部门防洪抢灾提供指导，目前国内外学者针对溃堤/溃坝发生后如何选择最佳避险转移路径问题，即确定危险区与安置区之间耗时耗力最小的撤离路径，开展了一些有益的研究工作。如李发文等[44]基于点线结合思想提出随机路权计算模型，根据不同时段的车头时距情况建立了动态路网计算模型。杨茜等[45]基于 Dijkstra 算法结合路权函数计算并选取最短路径。管永宽[46]将撤退转移路线简化为两点间最短路径，进而确定了洪灾避难过程中的撤退点和安置点。Cova 等[47]建立了一种在复杂的道路网络中能够识别最佳疏散路线计划的网络流模型。宋文涛[48]基于半理论半经验的路阻函数规划了安置点和相应转移路径。王婷婷[49]综合考虑道路因素、避险人员、转移单元以及安置容量等因素，建立了洪灾避险转移模型并求解了最佳避险转移路线。Wen 和 Zhang[50]构建了双目标应急疏散模型，据此选择最合适的救助艇停靠点和人员安置点快速疏散并安置灾民。Li 等[51]建立了一种元胞自动机与多智能系统相结合的洪涝灾害人群疏散模型，并以一个孤岛为例模拟了洪水淹没人群的疏散过程。韩靓靓[52]在分析洪水淹没信息的基础上，通过优先选择省道、县道获得了两种不同溃坝方式的避险转移预案。杨德玮等[53]采用蚁群算法优化避洪转移路径和通过逐帧解析洪水淹没要素，得到了融入溃坝洪水信息的最优避洪转移路径。

1.2.4　堤防溃决风险评估研究

堤防工程风险分析主要包括失事概率计算和风险后果评估，其中风险后果主要是溃堤造成的生命财产、经济社会及生态环境损失[26]。失效概率可以表征堤防安全状态，而堤防安全等级则是指在溃堤后风险水平在可接受、可容忍及不可容忍的三个范围中对应的安全状态，将风险水平划分为三个阶段来开展堤防溃决后果及风险标准研究，符合当前水利部对水利工程风险管理的要求，开展堤防工程风险管理及风险决策研究具有重大的社会意义。

随着社会的发展，人类面临的风险越来越多，促使人们抵御风险的意识不断增强，应对风险的措施日益增多，管理技术也越来越先进。风险分析不仅要估计系统失事概率，还要分析风险发生的原因和造成的后果，核心是要在诸多不确定性条件下进行风险预测管理。风险理论最早于 20 世纪 80 年代在美国应用于堤坝工程安全分析中[54]，后来随着风险管理理论的发展，澳大利亚和加拿大根据本国国情和堤坝工程实际，发展了相应的风险评价方法及理论，并应用在堤坝安全管理等方面[55]。国外学者通过分析洪水量和库容之间的关系，得出某一库容情况下不同等级洪水对下游造成的损失[56]。澳大利亚在堤坝风险管理应用技术研究及相关法规建设等方面取得了重要进展。1994—2000 年先后制定了《风险评价指南》《堤坝环境管理指南》《堤坝可接受防洪能力选择指南》和《堤坝溃决后果评价指南》[57]。第 20 届国际大坝会议对大坝风险评估与管理进行了讨论研究，提高了对大坝风险的认识。随后的国际大坝会议规范了风险评价相关原理和专业术语使用，阐述了风险管理理论在堤坝安全控制中的应用价值，并且制定了《大坝管理中的风险分析通告》。近年来，van der Meer 等[58] 将考虑堤防结构参数不确定性计算的失事概率融入堤防工程失事风险评估中。Schweckendiek 等[13] 提出了一种基于贝叶斯推断的堤防参数不确定性修正方法，并研究了堤防管涌破坏机理，应用于荷兰某堤防工程中。Danka 等[59] 建立了 1000 多座堤防工程溃决案例数据库，该数据库包括预溃堤坝的几何结构、材料、堤坝类型、破坏机制、溃决长度、深度和峰值流量等，并从堤坝高度、宽度、材料、堤坝类型和破坏机制等方面建立了回归模型，总结了常见的堤防溃决破坏机理，给出了一套堤防决口长度、深度和洪峰流量的经验计算公式。Hui 等[60] 研究了堤防漫顶和渗透失事模型，构建了相应的风险评价体系。Lendering 等[61] 考虑运河堤防水位调节、维护疏浚的水文地质响应和荷载效应，在对荷兰某圩堤进行风险评价的基础上，给出了对应的风险控制措施。Flynn 等[11] 建立了包括几何、岩土和水力参数的堤防溃决数据集，开发了洪水漫顶诱发的堤防溃决概率计算模型，从而支持风险评估。

我国对堤坝风险分析研究起步相对较晚。近年来，虽然堤坝溃决洪水风险研究取得了一定的成果，但是风险分析理论及方法在堤防工程中的应用并不多，主要集中在防洪堤及防洪系统的水文风险研究方面，对防洪堤结构风险以及防洪堤综合风险评估研究较少。如吴兴征和赵进勇[62] 建立了岸坡滑动失稳和渗透破坏的风险数学模型，并通过工程实例验证了该模型的有效性。程卫帅和陈进[63] 建立了综合评估模型计算防洪系统失事概率。王仁钟等[64] 借助风险分析概念及技术构建了我国病险堤防风险判别标准体系。王昭升和盛金保[65] 建立了与工程安全评价相结合的风险评价体系。王亚军等[66] 考虑堤防系统的层次性及模糊性，建立了堤防工程风险评价指标体系。蒋卫国等[67] 构建了区域洪水灾害风险评估体系。刘亚莲和周翠英[68] 针对堤坝溃决路径及影响因子，完善了堤坝溃决风险评估指标框架，并应用于堤段风险评价中。李绍飞等[69] 在系统理论层面搭建了溃堤风险评估指标框架，并采用突变理论构建了蓄滞洪区溃堤洪水风险评价框架。王泽洋和韩玮[70] 基于四级划分方法构建了堤防安全综合评价体系。王亚军等[71] 在层次分析法和模糊理论基础上，考虑堤防工程水、土两相材料特点，建立了堤防工程模糊综合评判系统。

1.2.5 堤防工程风险管理研究

目前，风险管理理念已经在一些堤防工程得到了应用，包括全面信息化建设、堤防安全等级的合理划分、工程措施的合理运用、工程措施保障制度的制定等。对堤防进行风险管理不仅可以预测风险，及时发现风险源，分析风险，预防控制风险，最后采取措施控制风险，而且可以通过制定管理措施来减少堤防溃决造成的生命、经济和社会生态环境损失，将堤防工程社会效益、经济效益和生态效益最大化[72]。在国外，日本建设省河川局针对日本全国各地的堤防安全性问题，编审了一套系统的技术指南来指导堤防安全性评估工作。荷兰在堤防工程的安全性评价方面，将整个堤防系统划分为一系列相对独立的子系统，每个子系统均有一个可接受的风险水平即安全标准，这些标准由防洪法确定。

国内在堤坝风险管理标准化研究起步较晚，近几年提出的标准化管理体系建设是对水利工程传统管理方式和管理理念的全新挑战，符合当前水利部门在水利战略和治水思路上的重大转变要求，是党中央对水利工程管理的客观要求。目前关于堤防工程标准化管理开展了一些有益的研究工作。如胡传胜[73] 探讨了如何通过行之有效的日常管理、巡查看护、执法查处、达标考核等手段，全力推进北大堤颍左段标准化管理。马吉刚等[74] 发展了堤防标准化管理模式，系统介绍了小清河堤防标准化管理模式及取得的成效。陈丹等[75] 提出了针对北江大堤的标准化管理模式，并研究所提出的标准化管理模式的有效性和可行性。周兴波等[76] 阐述了确定可接受风险标准的基本原则和方法，说明了可接受风险标准的确定原则。薛塞光[77] 提出了黄河宁夏标准化堤防"一堤六线"内涵，总结了黄河流域"宁夏模式"标准化堤防建设的成功经验。郭秀霞[78] 提出对境内全线进行标准化堤防建设和管理的设想。陈龙[79] 分析了浙江省水利工程标准化管理建设中出现的问题并给出相应的对策。刘高峰等[55] 介绍了荷兰、英国、法国、比利时、美国、日本和中国堤防风险管理现状，并提出我国应借鉴国外经验，从提高安全标准、转变防洪观念、加强立法、风险社会化、管理智慧化等五个方面加强我国堤防风险管理，提升防洪能力。此外，目前我国堤防工程标准化管理体系研究还处在初期阶段，有很多因素有待完善，没有将"风险"概念纳入堤防工程标准化管理模式中，堤防工程标准化管理模式研究也较少与当地社会经济发展水平相关的生命财产、经济社会和生态环境风险标准有机结合，进而导致我们无法利用现有的先进技术来对汛期高洪水位作用下堤防安全性进行准确分析和评价，使得在抗洪抢险时处于被动局面，造成对事故后果判断不准等一系列问题。

1.3 问题提出

堤防是鄱阳湖区主要的防洪工程，目前湖区 15 个县（市、区）有保护面积千亩以上的堤防有 288 座。1998 年大水之后，国家加大了对鄱阳湖区堤防工程的整治，先后启动了赣抚大堤加固配套工程、鄱阳湖区二期防洪工程四个单项、第五个单项、第六个单项以及重点堤防应急防渗处理工程等，堤防防洪能力显著提高。尽管如此，鄱阳湖区重点堤防整体防洪体系仍不健全，部分堤防存在防洪标准偏低、防渗性能和结构安全不满足要求等问题。如 2020 年 7 月鄱阳湖流域再次出现了超 1998 年的特大洪水，单就江西省鄱阳县而言，县域内河流、湖泊水位暴涨，全县 14 座圩堤出现漫堤决口险情，修河三角联圩、昌江间桂道圩堤、中洲圩堤、崇复圩堤等相继决口，其中包括2座万亩圩堤，防汛形势异常严峻。此外，各类堤防管理技术相对滞后，管理水平与建设水平很不相称。长期以来，我国水利工程管理以"工程安全"重心放在了自身结构安全上，而对周边环境、下游及蓄滞洪区安全关注相对较少。党中央要求各级政府部门和工程管理单位在保障工程安全的同时，要着重保护下游人民生命财产和经济社会安全，将二者作为统一整体，从系统角度去分析堤防工程风险问题[80]。

在堤防工程失事模式研究方面，无论是水文失事概率计算，还是渗透破坏或者堤坡失稳概率计算，不同失效模式之间并不是完全独立的，相互之间存在交叉影响的因素，相互之间存在一定的相关性[27]。然而，堤防工程系统可靠度研究忽略了多破坏模式之间的相关性。

在溃堤洪水演进模拟研究方面，虽然平面二维水动力学模型 MIKE 21 和国内贵仁科技开发的水文模型得到了广泛应用，但是这些模拟应用于溃堤洪水模拟方面仍存在一定的局限性，容易造成对堤防溃决后果判断不准以及损失评估错误等问题。这是因为使用这些模型进行大区域模拟对数据资料的要求较高，另外模型参数率定较为复杂，通常难以结合工程实际状况进行参数设定。

在溃堤洪水避险转移研究方面，虽然现有研究可以优化求解最佳避险转移路线，但是人员避险转移安置研究起步较晚，忽略了堤防溃决后一定时间内洪水会淹没撤退路线，不能按照既定转移路线进行安全撤离这一客观实际。此外，目前基本上没有考虑洪水对避险转移方案的影响，难以考虑溃堤洪水淹没这一动态过程，无法满足及时抢险救援的需要。

在堤防溃决风险评估研究方面，虽然以加拿大、澳大利亚、美国等为代表的国家正在推行风险分析理论及方法在堤防工程中的应用[81]，但是我国在这方面的研究还处于初级阶段，存在以下不足：①大多仅考虑了堤防自身因素，较少考虑外在影响因素，如预警、经济、环境和管理等因素；②很少从考虑多破坏模式系统可靠度分析的角度去计算堤防溃决概率和基于多元评价指标体系评估堤防工程风险；③大多堤防风险研究考虑的风险因子较为单一，体系不够完善，缺乏建立多元化、多层次和全方位的堤防多元风险指标综合评价体系；④目前的堤防风险评价方法主观性较强、计算过程较为复杂、计算效率不高、适用性较差等，不适用于进行堤防工程多元风险指标综合评价。

在堤防工程风险管理研究方面，虽然我国通过国际交流和重大项目研究，引进了一些堤防风险管理理念及技术，风险管理理念逐步渗透到本行业内，对堤防风险管理理念逐步完善，但是风险评价方法和技术中还存在许多盲区和问题。例如，地方风险标准不统一、风险管理机制不健全，无法满足我国堤防标准化管理的新要求，难以充分发挥堤防工程的社会效益、经济效益和生态环境效益。

1.4 研究内容

本书依托鄱阳湖区重点堤防工程（康山大堤、三角联圩等），在充分调研湖区堤防建设与管理状况的基础上，系统分析湖区堤防地形地质条件、水文、堤身堤基安全隐患等，并结合鄱阳湖区经济社会发展水平，将堤防溃决造成的潜在风险与下游居民、社会环境和经济发展水平紧密联系，提出堤防溃决风险评价技术和方法，计算含多破坏模式的堤防工程失事概率；通过数值模拟溃堤洪水在下游和蓄滞洪区（康山、珠湖）的演进过程，定量评估溃堤洪水造成的生命财产、经济社会与生态环境损失，进而建立溃堤洪水动态避险转移模型、规划洪水演进避险决策，构建堤防工程全生命周期风险管理框架及多元化风险指标体系，发展堤防标准化管理理念；在此基础上，制定合理的堤防风险管理决策，给出降低溃堤风险的工程与非工程措施，使得堤防工程发挥其最大的社会效益、经济效益和生态环境效益。

1.4.1 含多破坏模式堤防工程失事概率研究

系统总结堤防工程失事概率研究进展，统计分析堤防工程中存在多种不确定性因素，给出针对不同破坏模式的堤防工程失事概率计算方法，进而依托鄱阳湖区重点堤防工程，进行高洪水位作用下堤防工程系统失事概率计算。主要内容有：

（1）总结堤防工程水文失事、渗透破坏和堤坡失稳等三个破坏模式的研究进展，分析堤防工程系统风险分析中的不确定性因素，量化堤防工程材料参数不确定性、结构几何参数不确定性和荷载效应不确定性统计特征。

（2）将水文失事概率分为洪水漫溢破坏概率和洪水漫顶破坏概率来计算，采用基于渗径长度的渗透破坏概率计算方法计算堤身/堤基渗透破坏概率，采用非侵入式随机有限元法计算堤坡失稳破坏概率。

1.4.2 溃堤洪水演进模拟及损失评估研究

在统计分析鄱阳湖区重点堤防溃决事故资料的基础上，分析近几十年来堤防工程失事的原因，建立溃堤洪水演进数值模型，将洪水演进模拟与损失评估有机结合，估计生命损失、经济损失和生态环境损失。主要内容有：

（1）根据溃堤洪水预警时间、对洪灾严重性的理解程度、洪水强度、洪水发生时段和季节、个体生存能力、应急救援能力、洪水对建筑物的损毁程度等诸多因素的分析，建立堤防溃决个体风险和社会生命风险损失的影响因子集，提出考虑多种影响因子的堤防溃决生命损失评估方法。

（2）应用多因素模糊分析方法，构建溃堤洪水造成的直接和间接经济损失评价因子集，分析溃堤洪水对下游各种设施可能造成的后果，建立溃堤洪水经济损失层次结构评估模型。

（3）在识别社会环境影响因子的基础上，筛选和量化影响因子，确定各因子造成的经济损失和社会环境损失，提出采用基本价值评估法或辅助价值评估法赋货币价值，并将货币化影响因子纳入整个环境损失评估中，进而发展溃堤洪水生态环境损失计算方法。

1.4.3 溃堤洪水动态避险转移模型研究

从湖区重点堤防避险转移实际出发，从道路网络数据处理、转移单元分析、安置方式及安置区确定、避险影响因素设计和最优路线求解等方面开展动态避险转移研究，主要内容有：

（1）将路阻函数计算的道路通行时间作为最优路径求解，结合洪水淹没时空分布特征，建立溃堤洪水动态避险转移模型，规划堤防溃决最优避险转移路线，实现溃堤洪水演进数值模拟与避险转移的有机结合。

（2）对比分析有无洪水影响工况下避险转移路线的差异性和可靠性，从而为溃堤紧急情况下防洪预警抢险方案制定以及预案修订提供参考。

1.4.4 堤防工程全寿命周期风险评估与管理研究

针对鄱阳湖区堤防工程在全寿命周期内不同阶段存在不同程度的风险管控问题，并且每个阶段的风险因子、风险对象和风险模式均存在很大的差异性等，主要内容有：

（1）构建堤防工程全寿命周期风险评估和管理体系，进行各阶段风险评估和全寿命周期风险调控，实现堤防工程全寿命周期风险管控的相互衔接及信息共享。

（2）针对目前拟定堤防工程风险评估指标大多局限于堤防自身结构参数指标，较少考虑预警、经济、环境和管理等方面因素的影响，建立基于极限学习机的多元化指标体系，进而综合判断风险度。

1.4.5 堤防工程标准化管理体系研究

在调研湖区重点堤防建设与管理状况基础上，借鉴国内外堤坝风险评价方法，针对鄱阳湖区 46 座重点堤防管理存在的问题，主要内容有：

（1）从堤防管理技术标准、堤防管理经费标准以及堤防管理考核标准等三个方面着手，引入风险的概念和标准，应用系统工程、风险分析等理论，构建基于风险的堤防标准化管理体系。

（2）给出降低堤防溃决风险的工程与非工程措施，处理从"现行评价方法体系"向"融合风险的标准化管理体系"平稳转变的技术衔接问题。

1.5 技术路线

本书依托鄱阳湖区重点堤防工程，总体研究框架与研究思路如图 1.1 所示，具体研究思路如下：

（1）识别堤防工程三种典型的破坏模式（水文失事、渗透破坏和堤坡失稳），给出相应的失事概率计算方法，为后续溃堤洪水风险评估及堤防工程标准化管理提供重要的失事概率等数据来源。

（2）建立溃堤洪水演进数值模型，提出堤防溃决造成的生命损失、经济损失和环境损失评估方法，综合评价溃堤洪水造成的风险。

（3）从道路网络数据处理、转移单元分析、安置方式及安置区确定、避险影响因素设计、最优路线求解等方面着手，结合洪水淹没时空分布特征，建立溃堤洪水动态避险转移模型，规划堤防溃决最优避险转移路线。

（4）引入风险的概念，建立堤防风险评价体系框架，对堤防的规划设计到退役阶段的全寿命周期进行风险评价，对各阶段风险评估方法和经济社会效益进行分析，最后针对各阶段的特点进行风险管理与决策。

（5）在全寿命周期风险管理体系的基础上，建立堤防工程多元化风险指标体系，并结合极限学习机等量化方法来划分堤防工程风险等级。

（6）提出堤防工程标准化管理考核指标，建立基于风险的堤防工程标准化管理体系，综合判断堤防风险度。

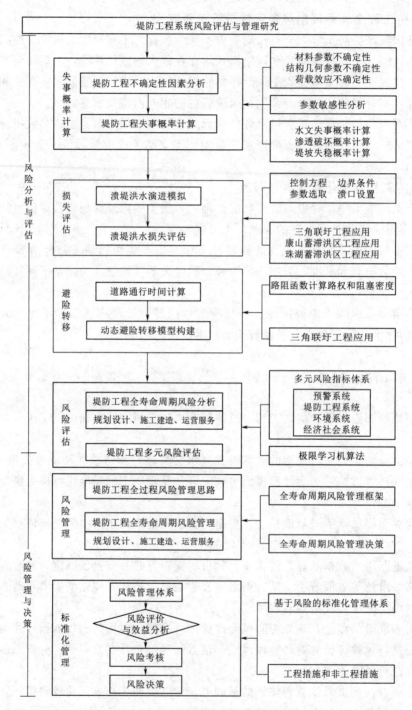

图 1.1　总体研究框架与研究思路

本 章 参 考 文 献

[1] 黄浩智，李洪任. 鄱阳湖区圩堤建设回顾与思考 [J]. 江西水利科技，2014，40 (1)：67-69.

[2] 李青云，张建民. 长江堤防工程风险分析和安全评价研究初论 [J]. 中国软科学，2001 (11)：112-115.

[3] 但云贵，杨健. 九江堤防工程安全评价及加固整治实施 [J]. 长江科学院院报，2000，17 (增刊)：39-42.

[4] 高延红，张俊芝. 堤防工程风险评价理论及应用 [M]. 北京：中国水利水电出版社，2011.

[5] FU Z，SU H，HAN Z，et al. Multiple failure modes-based practical calculation model on comprehensive risk for levee structure [J]. Stochastic Environmental Research and Risk Assessment，2018，32 (4)：1051-1064.

[6] 邢万波. 堤防工程风险分析理论和实践研究 [D]. 南京：河海大学，2006.

[7] 丁丽. 堤防工程风险评价方法研究 [D]. 南京：河海大学，2006.

[8] STEENBERGEN H，LASSING B L，VROUWENVELDER A，et al. Reliability analysis of flood defence systems [J]. Heron，2004，49 (1)：51-73.

[9] 解家毕，孙东亚. 堤防漫顶可靠性分析模型及其应用 [J]. 水利水电技术，2011，42 (7)：40-45.

[10] REMMERSWAAL G，VARDON P J，HICKS M A. Evaluating residual dyke resistance using the Random Material Point Method [J]. Computers and Geotechnics，2021，133：104034.

[11] FLYNN S，ZAMANIAN S，VAHEDIFARD F，et al. Data-driven model for estimating the probability of riverine levee breach due to overtopping [J]. Journal of Geotechnical and Geoenvironmental Engineering，2022，148 (3)：04021193.

[12] 朱勇华，郭海晋，徐高洪，等. 防洪堤防洪综合风险研究 [J]. 中国农村水利水电，2003，(7)：11-14.

[13] SCHWECKENDIEK T，VROUWENVELDER A C W M，et al. Updating piping reliability with field performance observations [J]. Structural Safety，2014，47：13-23.

[14] GOTTARDI G，GRAGNANO C G，RANALLI M，et al. Reliability analysis of riverbank stability accounting for the intrinsic variability of unsaturated soil parameters [J]. Structural Safety，2020，86：101973.

[15] 韦鹏昌，蒋水华，江先河，等. 考虑多破坏模式的堤防工程失事风险率分析 [J]. 武汉大学学报（工学版），2020，53 (1)：9-15.

[16] 张秀勇，花剑岚，杨洪祥. 基于可靠度的黄河下游堤防工程渗流稳定分析 [J]. 河海大学学报（自然科学版），2011，39 (5)：536-539.

[17] 文锋，胡田清，朱光华，等. 长江武惠堤堤防渗透破坏风险计算模型及应用 [J]. 水电能源科学，2020，38 (7)：130-133.

[18] 柯浩进，王媛，冯迪. 考虑渗透系数变异性的堤防渗透破坏概率分析方法 [J]. 科学技术与工程，2020，20 (7)：2858-2863.

[19] 雷鹏，陈晓伟，张贵金，等. 基于 LHS-MC 的堤防渗透破坏风险分析 [J]. 人民黄河，2014，36 (10)：45-47.

[20] ROBBINS B A，GRIFFITHS D V，FENTON G A. Random finite element analysis of backward erosion piping [J]. Computers and Geotechnics，2021，138：104322.

[21] 王亚军，张我华. 堤防工程广义可靠度分析及参数敏感性研究 [J]. 工程地球物理学报，2008，5

(5)：617－623.

[22] 王洁. 堤防工程风险管理及其在外秦淮河堤防中的应用 [D]. 南京：河海大学，2006.

[23] 王靖文，刘茂，李剑峰. 基于故障树和 Monte－Carlo 模拟的堤防失稳概率分析研究 [J]. 中国公共安全（学术版），2008（1）：59－63.

[24] GAST T D，HICKS M A，EIJNDEN A，et al. On the reliability assessment of a controlled dyke failure [J]. Géotechnique，2020（4）：1－46.

[25] KROGT M，SCHWECKENDIEK T，KOK M. Improving dike reliability estimates by incorporating construction survival [J]. Engineering Geology，2021，180：105937.

[26] 邬爱清，吴庆华. 堤防险情演化机制与隐患快速探测及应急抢险技术装备 [J]. 岩土工程学报，2022，44（7）：1310－1328.

[27] POL J C，KINDERMANN P，VAN DER KROGT M G，et al. The effect of interactions between failure mechanisms on the reliability of flood defenses [J]. Reliability Engineering and System Safety，2023，231：108987.

[28] TUCCIARELLI T，TERMINI D. Finte－element modeling of floodplain flow [J]. Journal of Hydraulic Engineering，2000，126（6）：416－424.

[29] 李大鸣，林毅，徐亚男，等. 河道、滞洪区洪水演进数学模型 [J]. 天津大学学报，2009，42（1）：47－55.

[30] 魏凯，梁忠民，王军. 基于 MIKE 21 的濛洼蓄滞洪区洪水演算模拟 [J]. 南水北调与水利科技，2013，11（6）：16－19.

[31] 袁雄燕，徐德龙. 丹麦 MIKE 21 模型在桥渡壅水计算中的应用研究 [J]. 人民长江，2006，37（4）：31－32.

[32] 王崇浩，曹文洪，张世奇. 黄河口潮流与泥沙输移过程的数值研究 [J]. 水利学报，2008，39（10）：1256－1263.

[33] 郭凤清. 蓄滞洪区洪水灾害风险分析与评估的研究及应用 [M]. 北京：科学出版社，2016.

[34] 王扬，黄本胜，倪培桐，等. 韩江南北堤防洪保护区溃坝洪水演进数值模拟研究 [J]. 水资源与水工程学报，2018，29（5）：175－179.

[35] 朱世云，于永强，俞芳琴，等. 基于 MIKE 21 FM 模型的洞庭湖区平原城市洪水演进模拟 [J]. 水资源与水工程学报，2018，29（2）：132－138.

[36] MORALES－HERNÁNDEZ M，GARCÍA－NAVARRO P，BURGUETE J，et al. A conservative strategy to couple 1D and 2D models for shallow water flow simulation [J]. Computers and Fluids，2013，81（9）：26－44.

[37] BLADÉ E，GÓMEZ－VALENTÍN M，DOLZ J A，et al. Integration of 1D and 2D finite volume schemes for computations of water flow in natural channels [J]. Advances in Water Resources，2012，42：17－29.

[38] 黄琳煜，李迷，聂秋月，等. 基于 MIKE FLOOD 的暴雨积涝模型在川沙地区的应用 [J]. 水资源与水工程学报，2017，28（3）：127－133.

[39] 穆聪，李家科，邓朝显，等. MIKE 模型在城市及流域水文-环境模拟中的应用进展 [J]. 水资源与水工程学报，2019，30（2）：71－80.

[40] JIANG S H，HUANG Z F，HUANG J. Dike－break induced flood simulation and consequences assessment in flood detention basin [C]. Beijing：Dam Breach Modelling and Risk Disposal，2020，295－310.

[41] ZOLGHADR M，HASHEMI M R，HOSSEINIPOUR E Z. Modeling of flood wave propagation through levee breach using MIKE 21，a case study in Helleh river，Iran [J]. World Environmental and Water Resources Congress，2010：2683－2693.

[42] KARIM F, KINSEYHENDERSON A E, WALLACE J, et al. Modelling wetland connectivity during overbank flooding in a tropical floodplain in north Queensland, Australia [J]. Hydrological Processes, 2012, 26 (18): 2710 - 2723.

[43] JIANG S H, ZHI H L, WANG Z Z, et al. Enhancing flood risk assessment and mitigation through numerical modelling: a case study [J]. Natural Hazards Review, 2023, 24 (1): 04022046.

[44] 李发文, 张行南, 冯平. 洪水灾害避难系统研究 [J]. 灌溉排水学报, 2005, 24 (6): 64 - 67.

[45] 杨茜, 贾艾晨. 基于 ArcGIS 的洪灾淹没范围及避难撤离方案研究 [J]. 水电能源科学, 2011, 29 (1): 34 - 36.

[46] 管永宽. 蓄滞洪区洪水演进、撤退路线数学模型的研究与应用 [D]. 天津: 天津大学, 2012.

[47] COVA T J, JOHNSON J P. A network flow model for lane - based evacuation routing [J]. Transportation Research Part A, 2015, 37 (7): 579 - 604.

[48] 宋文涛. 防洪保护区洪水风险评价与避险转移方案研究 [D]. 大连: 大连理工大学, 2016.

[49] 王婷婷. 洪灾避险转移模型及应用 [D]. 武汉: 华中科技大学, 2016.

[50] WEN Y, ZHANG N. Evacuation and Settlement Model of Personnel in Major Flood Disasters and Its Application [J]. IOP Conference Series Earth and Environmental Science, 2019, 30 (4): 042016.

[51] LI Y, HU B, ZHANG D, et al. Flood evacuation simulations using cellular automata and multia-gent systems - a human - environment relationship perspective [J]. International Journal of Geographical Information Science, 2019, 33 (11): 2241 - 2258.

[52] 韩靓靓. 阎王鼻子水库溃坝风险应急预案分析研究 [J]. 水资源开发与管理, 2020 (11): 79 - 84.

[53] 杨德玮, 张文东, 盛金保, 等. 溃坝洪水避洪转移动态路径优化方法 [J]. 水利水运工程学报, 2022.

[54] BOWLES D S, ANDERSON L R, GLOVER T F. The practice of dam safety risk assessment and management its roots, its branches, and its fruitruit [R]. Presented at the eighteenth USCOLD annual meeting and lecture, Bufffalo. New York: August 8 - 14, 1998.

[55] 刘高峰, 龚艳冰, 王慧敏, 等. 国外堤防风险管理现状及对我国的启示 [J]. 长江科学院院报, 2019, 36 (10): 53 - 58.

[56] STEDINGER J R. Design events with spacified flood risk [J]. Water Resources Research, 1983, 19 (2): 511 - 522.

[57] 李君纯. 已建水库土石坝安全评价方法初探区 [R]. 水利部大坝安全监测中心技术部, 2000.

[58] VAN DER MEER J W, DE LOOFF A P, GLAS P. Integrated approach on the safety of dikes a-long the Great Dutch lakes [C] //Proceedings of the coastal engineering conference. New York: ASCE, 1998: 3439 - 3452.

[59] DANKA J, ZHANG L M. Dike Failure Mechanisms and Breaching Parameters [J]. Journal of Geotechnical and Geoenvironmental Engineering, 2015, 141 (9): 04015039.

[60] HUI R, JACHENS E, LUND J. Risk - based planning analysis for a single levee [J]. Water Resources Research, 2016, 52 (4): 2513 - 2528.

[61] LENDERING K T, SCHWECKENDIEK T, KOK M. Quantifying the failure probability of a canal levee [J]. Georisk: Assessment and Management of Risk for Engineered Systems and Geohazards, 2018, 12 (3): 203 - 217.

[62] 吴兴征, 赵进勇. 堤防结构风险分析理论及其应用 [J]. 水利学报, 2003, (8): 79 - 85.

[63] 程卫帅, 陈进. 防洪体系系统失事率评估方法研究 [C] //中国水利学会首届青年科技论坛论文集. 北京: 中国水利水电出版社, 2004: 110 - 115.

[64] 王仁钟, 李雷, 盛金保. 病险水库风险判别标准体系研究 [J]. 水利水电科技进展, 2005, 25

（5）：5－8，67.

[65] 王昭升，盛金保. 基于风险理论的大坝安全评价研究 [J]. 人民黄河，2011，33（3）：104－106.

[66] 王亚军，吴昌瑜，任大春. 堤防工程风险评价体系研究 [J]. 岩土工程技术，2006，20（1）：1－8.

[67] 蒋卫国，李京，武建军，等. 区域洪水灾害风险评估体系（Ⅱ）——模型与应用 [J]. 自然灾害学报，2008，17（6）：105－109.

[68] 刘亚莲，周翠英. 堤坝失事风险的突变评价方法及其应用 [J]. 水利水电科技进展，2010，30（5）：5－8.

[69] 李绍飞，冯平，孙书洪. 突变理论在蓄滞洪区洪灾风险评价中的应用 [J]. 自然灾害学报，2010，19（3）：132－138.

[70] 王泽洋，韩玮. 堤防工程安全综合评价体系研究 [J]. 吉林农业，2011（5）：312.

[71] 王亚军，张楚汉，金峰，等. 堤防工程综合安全模型和风险评价体系研究及应用 [J]. 自然灾害学报，2012，21（1）：101－108.

[72] 蒋水华，黄中发，江先河，等. 堤防工程标准化管理体系风险评估方法 [J]. 长江科学院院报，2020，37（5）：180－186.

[73] 胡传胜. 谈淮北大堤颍左段标准化管理 [J]. 江淮水利科技，2010（5）：18－19.

[74] 马吉刚，侯丙亮，张美，等. 小清河堤防标准化管理模式探讨 [J]. 山东水利，2002（10）：21－22.

[75] 陈丹，黄善和，蒋伯杰，等. 北江大堤标准化管理模式研究 [J]. 广东水利水电，2017（10）：53－56.

[76] 周兴波，周建平，杜效鹄，等. 我国大坝可接受风险标准研究 [J]. 水力发电学报，2015，34（1）：63－72.

[77] 薛塞光. 黄河宁夏标准化堤防模式实践与探索 [J]. 中国水利，2011（10）：30－32.

[78] 郭秀霞. 菏泽市洙赵新河标准化堤防建设探讨 [J]. 中国水利，2012（4）：29－31.

[79] 陈龙. 浙水利工程标准化管理的探索实践 [J]. 中国水利，2017（6）：15－17.

[80] 蔡跃波，盛金保. 中国大坝风险管理对策思考 [J]. 中国水利，2008（20）：20－23.

[81] 仲琳. 水库大坝等级分类及风险管理 [C]//中国水力发电工程学会抗震防灾专业委员会. 现代水利水电工程抗震防灾研究与进展（2013 年），2013：437－440.

第2章　鄱阳湖区堤防工程及蓄滞洪区概况

本章首先介绍鄱阳湖区基本情况，阐述鄱阳湖区重点堤防工程以及蓄滞洪区基本概况，主要包括重点堤防工程建设、分布及组成、水文特性、地质特性和堤身物质组成以及蓄滞洪区分布和调度运用等；基于文献统计资料，指出鄱阳湖区重点堤防工程目前存在的安全隐患、历史险情、历史溃决情况等统计数据，为鄱阳湖区重点堤防工程风险评估及管理提供数据来源。

2.1　鄱阳湖区基本概况

鄱阳湖作为我国最大的淡水湖泊，是我国重要的生态功能保护区。通常鄱阳湖指的是湖泊的主体部分，由湖泊、军山湖、五河尾闾、蓄滞洪区及堤防构成，在控制高程21.00m以下总面积为5205.535km²，其中，湖盆面积为3286.856km²，五河尾闾面积为389.213km²，分蓄滞洪区面积为525.887km²，单双退圩堤保护面积为747.592km²，军山湖面积为255.988km²。鄱阳湖流域由赣江、抚河、信江、饶河、修水五大河流流域和鄱阳湖区构成，总面积为162225km²。五大水系控制水文站以上流域面积为137143km²，占鄱阳湖流域总面积的84.5%，控制站以下至湖口的区间面积为25082km²，占15.5%。

2.1.1　自然地理、气候及地形条件

鄱阳湖位于江西省北部，长江中下游南部，东经115°49′~116°46′，北纬28°24′~29°46′，与长江相通，赣江、抚河、信江、饶河和修水皆流往鄱阳湖，并且与五大河流尾闾相接形成天然凹盆。鄱阳湖区土地总面积为20289.50km²，占鄱阳湖流域面积的12.5%，占江西省总面积的12.1%。湖区南北长为162.91km，东西最宽处达74km，平均宽为20.18km，入江水道最窄处仅为2.88km，岸线长为1200km。鄱阳湖流域面积为162225km²，其中157086km²位于江西省境内，占全流域的96.8%，覆盖江西省总面积的94%，其余的5139km²分属于福建、浙江、安徽、湖南等省，占全流域的3.2%[1-4]。

湖区气候属于亚热带气候，多年平均日照为1760~2105h，多年平均湿度为77.4%。多年平均气温为16.5℃，受季风气候的影响，鄱阳湖区降水丰富，由于有很强的季节性和地域性特点，致使湖区降水量年内分配不均，年降水量主要集中在4—6月。湖区1951—1984年多年平均降水量为1570mm，在1991—2005年年均降水量达1654.8mm。流域实测最大年降水量为3299.7mm（上饶市西坑站），实测最小年降水量为699.1mm（九江市都昌站）。多年平均蒸发量的年内变化大，多年平均蒸发水量为27.06亿m³。湖区年平均风速为2.4~4.8m/s，历年最大风速为34m/s[4]。

鄱阳湖位于长江之南，江西北部，流域周围环山，南高北低，四周向湖倾斜，水系完

整。湖区分为内湖和外湖,地貌由湖区河流、碟形湖、堤防、岛屿、内湖、汊港组成,南起三阳,北至湖口,西到吴城,东抵鄱阳。除湖东北部为丘陵地形,其余为滨湖平原和低丘岗地。湖床平坦,西南部略高,东北部略低,小地形、微地形复杂多变,生物多样性丰富,是亚洲最大的候鸟越冬地,也是较大的水生哺乳类动物江豚种群的栖息地。

2.1.2 社会经济概况

鄱阳湖区范围是湖口水文站防洪控制水位 20.61m 所影响的区域,辐射南昌、新建、永修等 14 个县(市、区)和南昌、九江两市,总面积为 26284km²,占江西省总面积的 16.2%。根据 2014 年年鉴资料可知,湖区人口达 1234 万人,占全省的 27.2%;耕地面积有 1036 万亩,占全省的 24.4%;湖区年产粮食 567 万 t,占全省的 26.4%;渔业产量占全省水产品总量的 1/3 以上;地区生产总值 5796 亿元,占全省的 36.9%[5]。

湖区交通纵横交错,主要有铁路、公路、水路和航空运输这四种方式,交通便利。铁路交通线路主要有京九铁路、浙赣铁路和皖赣铁路。公路交通密集,省级及国家级重要公路较多,为区内主要交通方式;水路交通也很便利,五大河流连接省内各地区与长江流域的各大城市,构成了水力运输网,且拥有重要航空港[6]。

2.2 鄱阳湖区堤防工程

湖区有 63 座万亩以上及圩内有重点设施的堤防,主要包括赣抚大堤(赣东大堤和抚西大堤)、富大有堤、长乐联圩、红旗联圩、蒋巷联圩、南新联圩、廿四联圩、赣西联圩、军山湖联圩、饶河联圩、珠湖联圩、梓埠联圩、康山大堤、信瑞联圩、沿江大堤、扬子洲联圩、棠墅港左堤、中洲联圩、抚东大堤、信西联圩、成朱联圩、南湖圩、畲湾联圩、沿河圩、乐丰联圩、西河东联圩、枫富联圩、古埠联圩、东升堤、双钟圩、南北港圩、矶山联圩、新妙湖圩、南康堤、九合联圩、三角联圩、郭东圩、永北联圩、高桥圩、马口联圩、幸福圩、立新联圩、浆潭联圩、寺下湖圩、泊洋湖圩、皂湖圩、周溪联圩、南溪圩、莲北圩、潼丰联圩、角丰圩、莲南圩、中州圩、大溪圩、黄埠圩、金埠圩、子茳圩、水岚洲圩、万青联圩、陈家湖圩、罗溪圩、马咀圩、五星圩等。

湖区现有保护耕地面积 5 万亩以上(不含 5 万亩)以及保护县城和铁路的重点圩堤 46 座,堤线总长为 1730.19km,保护面积为 7758.70km²,保护耕地为 473.96 万亩,保护人口为 815.85 万人;保护耕地为 1 万~5 万亩(不含 1 万亩,含 5 万亩)的重点一般圩堤 50 座,堤线总长为 644.3km,保护面积为 1012km²,保护耕地为 87.8 万亩,保护人口为 75.5 万人;保护耕地为 0.3 万~1.0 万亩(不含 0.3 万亩,含 1.0 万亩)的圩堤 69 座,堤线总长为 219.51km,保护人口为 26.14 万人。同时,直接保护新建、南昌、永修、星子等 14 个县(市、区)和南昌市、九江市人民生命财产安全。这些堤防主要分布在五大河流及各小河流的中下游尾闾地区及滨湖地区[1-7]。

2.2.1 堤防工程建设

江西省筑堤历史悠久,最早见于后汉永元年间,豫章太守张躬筑南塘堤,以捍章(赣江)水,历经多代至今,从未间断与洪水的抗争。湖区河网密布,地势低平,水灾频繁。20 世纪 50 年代,进行了大规模的堤防加固维修及系列整治工程,堤防防洪标准不断提高。1965 年，赣东大堤被列入国家基建计划。此后，湖区一些重点堤防先后被列入国家基建计划。20 世纪 80 年代，湖区重点堤防工程开始进行分期建设[10]。截至 2007 年年底，全省建成堤防 4000 余条，堤防总长为 9753km，保护农田为 1144 万亩，保护人口为 1180 万人。

按照水利部水规〔1988〕46 号文对《江西省鄱阳湖区重点圩堤及分蓄洪区工程总体初步设计》的批复，1986 年开始实施鄱阳湖治理一期工程，建设范围为红旗联圩等 10 座保护耕地 10 万亩以上的重点圩堤以及康山大堤等 12 座圩堤的除险加固工程。圩堤按防御湖口 22.50m 水位对应的洪水标准设计，在五河尾闾区圩堤防御各河 20 年一遇的洪水位，穿堤建筑物设计洪水位按所在堤段设计洪水位加高 0.5m。主要建设内容为堤身加高培厚、填塘固基、护坡护岸和建筑物加固等，加固圩堤堤线总长为 658.03km，共完成工程投资为 8.25 亿元，批准设计内的项目已于 1998 年基本完成。

鄱阳湖一期防洪工程对 12 座重点圩堤进行了除险加固，防洪标准有效提高，直至 1998 年突发性洪水，部分隐患工程暴露，国家再次加大了治理力度，开始系统地对鄱阳湖区重点堤防进行建设，先后实施了四个单项工程、第五个单项工程和第六个单项工程，具体如下：

（1）四个单项工程。按照国家发展改革委计农经〔1998〕2012 号文批复的《江西省鄱阳湖区二期防洪工程几个单项可行性研究报告》和水利部〔1999〕109 号文批复的初步设计，1998 年开始实施鄱阳湖区二期防洪工程四个单项工程，建设范围为湖区 15 座重点圩堤除险加固、鄱阳湖治理一期工程"98"洪水期间新出险项目除险加固、湖区防汛通信预警系统和湖区工程管理专项共四个单项。加固的 15 座重点圩堤是保护耕地 5 万亩以上、保护县城或圩内有重要设施的重点圩堤。圩堤设计防洪标准为防御湖口 22.50m 水位时对应的洪水，在五河尾闾区圩堤防御各河 20 年一遇的洪水位，穿堤建筑物设计洪水位按所在堤段设计洪水位加高 0.5m。主要建设内容为堤身加高培厚、堤身堤基处理、护坡护岸和建筑物加固等，批准概算总投资 20.08 亿元，2004 年已基本完成建设任务。

（2）第五个单项工程。经水利部同意，按照江西省发展改革委批复，2005 年开始实施鄱阳湖区二期防洪工程第五个单项工程，建设范围为 9 座重点圩堤除险加固，分别为赣西肖江堤、枫富联圩、药湖联圩、三角联圩、流湖圩、附城圩、共青联圩、沿河圩、镇桥联圩。主要建设内容为堤身加高加固、堤基堤身防渗处理、堤岸堤坡防护、堤系建筑物除险加固，加固堤线总长为 230.631km。截至 2008 年，国家累计下达投资计划 10.29 亿元。2009 年以后，国家停止了第五个单项的投资。2010 年江西省遭受严重洪涝灾害，省财政下达投资 1.35 亿元用于第五个单项封闭圈建设，2012 年省财政安排投资 1.5 亿元继续用于第五个单项防洪封闭圈项目建设。

（3）第六个单项工程。2008 年 11 月，江西省发展和改革委员会、水利厅联合向国家发展和改革委员会和水利部报送了《鄱阳湖区二期防洪工程第六个单项除险加固可行性研究总报告》，建设范围为鄱阳湖区 8 座重点圩堤除险加固和鄱阳湖治理一期加固的 12 座重点圩堤与分蓄洪区圩堤的达标建设。加固的 8 座重点圩堤分别为九合联圩、畲湾联圩、小港联圩、清丰山溪左堤、三江联圩、南湖圩、扬子洲联圩、信西联圩。截至 2013 年，第六个单项共下达计划投资 25.0 亿元。

经过鄱阳湖治理一期、二期除险加固整治，湖区重点堤防除险加固治理情况见表2.1；湖区重点堤防除险加固治理情况如图2.1所示。其中重点堤防可达到防御湖口22.5m水位及各河相应河段20年一遇的洪水标准。对其中200多座保护千亩以上耕地的一般堤防进行除险加固，使得保护1万～5万亩耕地的堤防达到10年一遇洪水标准（对应湖口水位21.68m），保护万亩以下耕地的堤防达到5年一遇的洪水标准（对应湖口水位20.91m），形成了较为完善的湖区堤防防洪体系[4]。

表 2.1　　　　　　　　　　　鄱阳湖区重点堤防除险加固治理情况

序号	堤防治理项目名称		建设内容及堤防名称
1	赣抚大堤第一期加固治理工程		赣抚大堤
2	赣抚大堤第二期加固治理工程		赣抚大堤
3	南昌市防洪工程		富大有堤
4	鄱阳湖治理一期工程		对信瑞联圩、红旗联圩、长乐联圩、廿四联圩、饶河联圩、梓埠联圩、南新联圩、军山湖联圩进行除险加固建设；对康山大堤、珠湖联圩、赣西联圩中的方洲斜塘、蒋巷联圩中的黄湖圩4座分蓄长江超额洪水的分洪区安全建设
5	鄱阳湖治理二期四个单项工程	第一个单项	对成朱联圩、抚东大堤、丰城大联圩、乐北联圩、西河东联圩、乐丰联圩、棠墅港左堤、中洲联圩、古埠联圩、沿江大堤10座保护耕地5万亩以上的重点堤防和矶山联圩、永北圩、郭东圩、南康堤、双钟圩5座保护县城或堤防内有重要设施的重点堤防的除险加固
		第二个单项	信瑞联圩、红旗联圩、长乐联圩、廿四联圩、康山大堤、蒋巷联圩、赣西联圩、饶河联圩、梓埠联圩、南新联圩、珠湖联圩11条重点堤防中新暴露出的影响工程安全的险工险段治理
		第三个单项	鄱阳湖区防汛通信预警系统
		第四个单项	湖区工程管理系统
6	鄱阳湖治理二期第五个单项工程		药湖联圩、沿河圩、流湖圩、赣西肖江堤、枫富联圩、三角联圩、镇桥联圩、共青联圩、附城圩
7	鄱阳湖治理二期第六个单项工程		畲湾联圩、小港联圩、信西联圩、九合联圩、三江联圩、扬子洲联圩、南湖圩、清丰山左堤、信瑞联圩、红旗联圩、长乐联圩、廿四联圩、康山大堤、蒋巷联圩、赣西联圩、饶河联圩、梓埠联圩、南新联圩、珠湖联圩、军山湖联圩

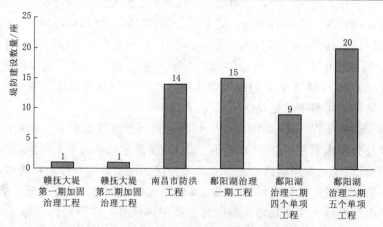

图 2.1　鄱阳湖区重点堤防除险加固治理情况

2.2.2 堤防工程分布

根据《鄱阳湖区综合治理规划》[8]，保护耕地面积 5 万亩以上、保护县城或圩内有机场、铁路等重要设施的堤防视作重点堤防，其他堤防则为一般堤防。据资料统计，湖区重点堤防重要保护设施情况如图 2.2 所示，其市域分布情况统计如图 2.3 所示。

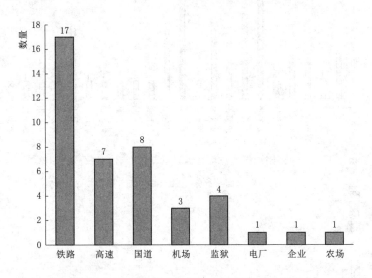

图 2.2 鄱阳湖区重点堤防重要保护设施情况

湖区重点堤防主要分布在南昌、九江、上饶、宜春等 10 个设区市，南昌市、九江市、上饶市和宜春市重点堤防数量约占鄱阳湖区重点堤防总数的 73%，其中南昌市有 18 座，占总数的 26%；其次为九江市，重点堤防有 17 座，占总数的 25%。

在湖区重点堤防涉及县（市、区）中，南昌县、新建区、进贤县等 22 个县（市、区）均有重点堤防分布。其中南昌县重点堤防有 9 座，其次为鄱阳县和新建区各为 6 座，再是永修县、余干县和丰城市各有 4 座，具体分布如图 2.4 所示。保护耕地面积为 5 万～10 万亩的圩堤 15 座，堤线长度为 517.36km，保护面积为

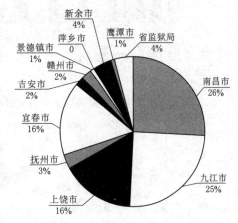

图 2.3 鄱阳湖区重点堤防工程市域分布统计

1364.37km²，保护耕地为 96.43 万亩，保护人口为 118.48 万人；保护耕地面积为 10 万亩以上的圩堤 15 座，堤线长度为 948.35km，保护面积为 5849.04km²，保护耕地为 350.87 万亩，保护人口为 484.55 万人；保护耕地面积为 5 万亩以下但圩内有重要设施的重点圩堤 16 座，堤线长度为 264.48km，保护面积为 545.29km²，保护耕地为 26.66 万亩，保护人口为 219.82 万人，详细情况如图 2.5～图 2.7 所示。

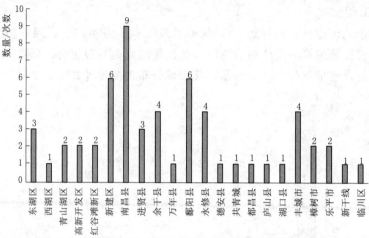

图 2.4 鄱阳湖区重点堤防涉及县（市、区）域分布统计

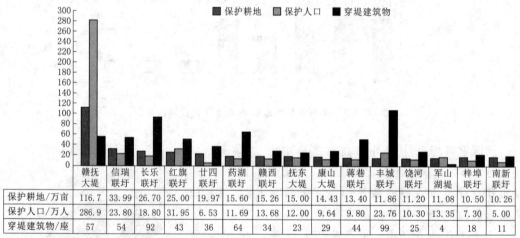

	赣抚大堤	信瑞联圩	长乐联圩	红旗联圩	廿四联圩	药湖联圩	赣西联圩	抚东大堤	康山大堤	蒋巷联圩	丰城联圩	饶河联圩	军山湖堤	梓埠联圩	南新联圩
保护耕地/万亩	116.7	33.99	26.70	25.00	19.97	15.60	15.26	15.00	14.43	13.40	11.86	11.20	11.08	10.50	10.26
保护人口/万人	286.9	23.80	18.80	31.95	6.53	11.69	13.68	12.00	9.64	9.80	23.76	10.30	13.35	7.30	5.00
穿堤建筑物/座	57	54	92	43	36	64	34	23	29	44	99	25	4	18	11

图 2.5 鄱阳湖区重点堤防保护耕地面积（10 万亩以上）、保护人口及穿堤建筑物情况

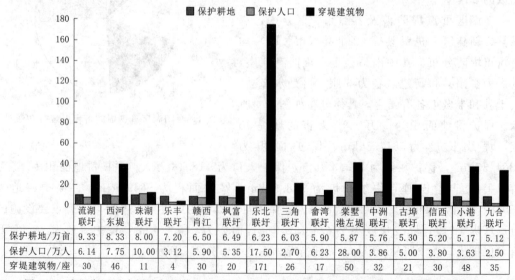

	流湖联圩	西河东堤	珠湖联圩	乐丰联圩	赣西肖江	枫富联圩	乐北联圩	三角联圩	畲湾联圩	棠墅港左堤	中洲联圩	古埠联圩	信西联圩	小港联圩	九合联圩
保护耕地/万亩	9.33	8.33	8.00	7.20	6.50	6.49	6.23	6.03	5.90	5.87	5.76	5.30	5.20	5.17	5.12
保护人口/万人	6.14	7.75	10.00	3.12	5.90	5.35	17.50	2.70	6.23	28.00	3.86	5.00	3.80	3.63	2.50
穿堤建筑物/座	30	46	11	4	30	20	171	26	17	50	32	21	30	48	35

图 2.6 鄱阳湖区重点堤防保护耕地面积（5 万～10 万亩）、保护人口情况及穿堤建筑物情况

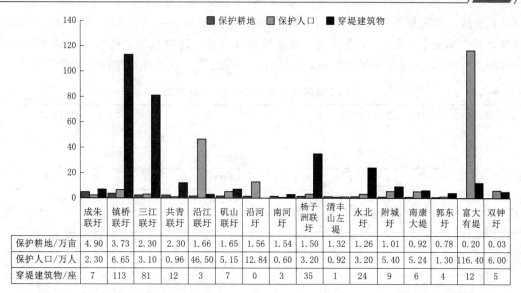

图 2.7　鄱阳湖区重点堤防保护耕地面积（5万亩以下）、保护人口情况及穿堤建筑物情况

	成朱联圩	镇桥联圩	三江联圩	共青联圩	沿江联圩	矶山联圩	沿河圩	南河圩	杨子洲联圩	清丰山左堤	永北圩	附城圩	南康大堤	郭东圩	富大有堤	双钟圩
保护耕地/万亩	4.90	3.73	2.30	2.30	1.66	1.65	1.56	1.54	1.50	1.32	1.26	1.01	0.92	0.78	0.20	0.03
保护人口/万人	2.30	6.65	3.10	0.96	46.50	5.15	12.84	0.60	3.20	0.92	3.20	5.40	5.24	1.30	116.40	6.00
穿堤建筑物/座	7	113	81	12	3	7	0	3	35	1	24	9	6	4	12	5

2.2.3　堤防工程历史溃决事件

　　鄱阳湖水位受"五河"来水及长江干流水位影响较大，湖水位涨落规律、季节性强，新中国成立后，发生多次大洪水。根据 1951—2020 年历史数据资料统计，1951 年、1952 年、1954 年、1962 年、1983 年、1998 年、2016 年和 2020 年鄱阳湖流域先后均发生特大洪水，先后造成多座堤防出现不同程度的决口，给保护区内人民生命财产、经济社会及生态环境等造成了严重威胁和重大损失。江西省鄱阳湖区重点堤防历年溃决次数统计如图 2.8 所示。

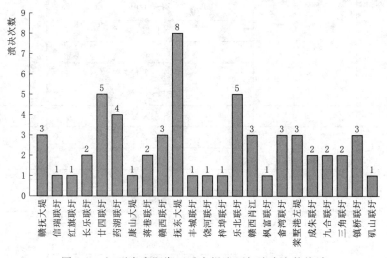

图 2.8　江西省鄱阳湖区重点堤防历年溃决次数统计

　　尤其是 1954 年洪水，导致红旗联圩、长乐联圩、廿四联圩、蒋巷联圩、赣西联圩、九合联圩、三角联圩和梓埠联圩这 8 座湖区重点堤防发生溃决破坏，占历年溃决堤防总数的 10.26%，是有记录以来溃堤数量最多的一次，给湖区人民生命财产、经济社会及生态环境造成了重大损失。其次，1962 年和 1973 年分别有 5 座重点堤防发生溃决，出现的溃

口达数十处,溃决堤线长达数千米,同样给湖区造成了重大损失。2020 年湖区多座堤防溃决,其中鄱阳全县就有 14 座圩堤出现漫堤决口险情,其中包括 2 座万亩圩堤(问桂道圩堤和中洲圩),防汛形势异常严峻。江西省鄱阳湖区重点堤防溃决情况统计见表 2.2。

表 2.2   江西省鄱阳湖区重点堤防溃决情况统计

溃决年份	溃决堤防数目	堤 防 名 称	占溃决比例/%
1950	2	赣西联圩	4.35
		棠墅港左堤	
1951	3	赣抚大堤	6.52
		信瑞联圩	
		赣西肖江堤	
1954	8	红旗联圩	17.39
		长乐联圩	
		廿四联圩	
		蒋巷联圩	
		赣西联圩	
		九合联圩	
		三角联圩	
		梓埠联圩	
1955	1	九合联圩	2.17
1961	1	赣抚大堤	2.17
1962	5	赣抚大堤	10.87
		廿四联圩	
		药湖联圩	
		抚东大堤	
		棠墅港左堤	
1963	1	抚东大堤	2.17
1964	2	药湖联圩	4.35
		廿四联圩	
1967	2	乐北联圩	4.35
		镇桥联圩	
1968	1	抚东大堤	2.17
1973	5	药湖联圩	10.87
		蒋巷联圩	
		饶河联圩	
		畲湾联圩	
		成朱联圩	
1975	1	药湖联圩	2.17

溃决年份	溃决堤防数目	堤 防 名 称	占溃决比例/%
1982	1	棠墅港左堤	2.17
1983	3	康山大堤	10.87
		畲湾联圩	
		矶山联圩	
1992	1	成朱联圩	2.17
1994	1	丰城大联圩	2.17
1995	1	廿四联圩	2.17
1998	3	畲湾联圩	6.52
		枫富联圩	
		镇桥联圩	
2016	1	向阳圩	2.17
2020	3	问桂道圩	6.52
		中洲圩	
		三角联圩	

2.2.4 堤防工程安全隐患分析

根据 2008—2020 年防汛数据统计，湖区重点堤防工程险情主要为泡泉（管涌）、渗漏、散浸、裂缝、滑坡、塌陷、跌窝等，其中最常见的险情为泡泉（群）和渗漏，主要有三种典型破坏模式，分别是水文破坏、渗透破坏和失稳破坏[9]，见表 2.3。根据历年统计数据，其中泡泉和渗漏分别占统计年出险总数的 40% 和 30%，其险情数据如图 2.9 和图 2.10 所示。

表 2.3   鄱阳湖重点堤防出现的破坏模式

破坏模式	表 现 形 式
水文破坏	堤防高度不足或者堤前洪水位过高导致漫顶、漫溢
渗透破坏	堤身渗透破坏：散浸、漏洞和集中渗流 堤基渗透破坏：泡泉、砂沸、土层隆起、浮动、膨胀、断裂等
失稳破坏	跌窝、裂缝、脱坡、崩岸、滑坡和地震险情

鄱阳湖区堤防持力层大部分为黏土和壤土，呈软至可塑状态，虽然具一定的承载能力和防渗性能，但是堤段厚度较薄，堤身存在淤泥类土和粉细砂层，堤基和堤坡不稳，易发生渗漏和渗透破坏问题。因此，湖区重点堤防工程存在诸多安全隐患，经调查分析，造成这些安全隐患的具体原因如下：

（1）水文破坏原因。国内堤防大多是在原有民堤的基础上经历年加高培厚而成，普遍矮小而单薄，所以导致堤防工程防洪等级较低；堤防沉降过大以及施工质量不达标，从而导致堤防高度未达到设防标准，在防汛期间河道出现超标准洪水同样会导致堤防发生漫顶或漫溢破坏。

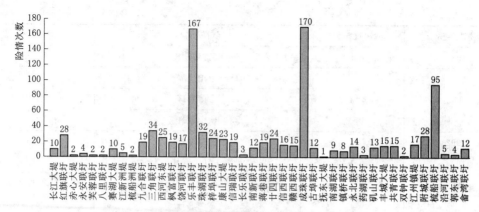

图 2.9　鄱阳湖区重点堤防历年出险次数情况统计

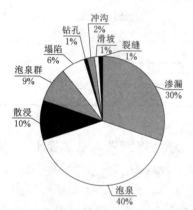

图 2.10　鄱阳湖区重点堤防出
险情况分布

（2）渗透破坏原因。堤防工程渗透破坏包括堤身和堤基病险问题，对于湖区重点堤防工程而言，堤身渗漏较为普遍，表现为堤防内坡和坡脚渗水，汛期集中漏水。主要是由于鄱阳湖区重点堤防工程堤身填土就地取材，填土土质较差，多为透水性较强的砂壤土和粉细砂或黏性土夹透水性较强的砂类土、砂砾石和垃圾等；其次是由于堤身单薄，达不到设计断面要求；再者是由于施工过程中填筑不够密实，造成堤身渗漏问题。

大多数堤防均有堤基渗漏现象发生，堤内出现泡泉和管涌。堤基存在相对隔水的黏性土，为较好的天然防渗铺盖，有些堤段缺少防渗铺盖或者在取土筑堤厚度减少，汛期堤外水位高涨，河湖水补给地下水，形成较高的压力水头，地下水从无铺盖地段涌出，或顶破薄弱铺

盖涌出，形成泡泉（管涌）。管涌带出粉细砂，发生渗透破坏，进而危及堤防安全。

（3）失稳破坏原因。湖区堤防堤基持力层或下卧层大多为淤泥和淤泥类土，对于黏土堤基，其含水量到达 33.31%，孔隙比为 1.45，压缩系数为 9.31，摩擦角为 6.52°，具高压缩性，为不良地基。其特点是排水不畅、固结时间长、沉陷量大、抗剪强度低，易造成堤防沉降变形、不均匀沉陷、堤身开裂和滑动等，在汛期由于堤基变形造成溃堤决口。其中，出现堤身滑坡险情主要是由于堤身土质和填筑质量较差、堤后堰塘众多和堤基地质条件劣化。另外堤坡又较陡，当汛期水位增加时，堤坡渗水便会造成滑坡。尽管大部分重点堤防都列入了历年除险加固计划中，但是随着堤防工程的不断加高培厚，新、老填土结合不牢，汛期泡水后，新填土容易诱发堤坡失稳。

2.2.5　堤防险情及抢护措施

针对湖区重点堤防工程不同的险情，目前主要采取了以下具体抢险抢护方法[10]。

1. 管涌险情及抢护措施

高水位渗压下，堤基土体中细颗粒沿粗颗粒间空隙被水流带出堤基外的现象称为管涌。当其出口处于砂性土中时，表象为翻沙鼓水、周围多形成隆起的沙环；当其出口处于

黏性土或无黏性土中时，表象为土体局部表面隆起、浮动或大块土体移动流失，此时也称为流土。在实际的堤防抢险过程中难以将管涌和流土进行严格区分，一般将这两种统称为管涌险情。

管涌险情的严重程度一般是通过以下几个因素来判别：管涌口到陆侧堤脚的距离、管涌的涌口大小、涌口的浑浊度以及带沙情况、涌水量、涌水水头等。在实际抢险的过程中，因为抢险的特殊性，往往都是凭借有关人员的经验来判别。对于管涌险情可遵循反滤导渗、排水留土原则，采取以下方法处置：

（1）反滤压浸法。主要是在堤背坡脚处抢修滤层压盖，为了降低涌水的速率，防止砂土中的细小颗粒被带出，主要适用于管涌险点多、集中连片或鼓水涌沙较严重的地方，并且砂石料充足时。

（2）反滤围井法。在管涌口处用编织袋或麻袋装土抢筑围井，井内同步铺填滤料，从而制止涌水带沙，这种抢险一般适用于险点少、未集中连片的管涌险情。

（3）蓄水反压法。一般出现管涌群时，在出险范围内抢筑月堤，截蓄涌水，灌水反压，抬高月堤内的水位，直至险情稳定，适用于当管涌群范围不大，且附近有渠道、田埂，或周边具有较高地形等有利条件。

2. 散浸险情及抢护措施

外水位上涨后，堤身浸润线升高，渗水从堤内坡或内坡脚附近逸出的现象称为散浸，也可称为渗水或者泅水，俗称"堤出汗"。主要是由于超警戒水位持续时间过长，堤防断面设计尺寸不足，没有采取防渗措施，堤身填土质量差以及夯实没有达到施工质量要求导致的。散浸险情的严重程度可以通过渗水量、出逸点高度和渗水的浑浊程度来判别。表象为土壤潮湿或发软并有水渗出。对于散浸险情可遵循临水面截渗、背水面导渗原则，一般先背水面导渗，视情况采取临水面截渗措施。

3. 漏洞险情及抢护措施

堤身或堤基出现贯穿性孔洞进而形成集中渗水的现象称为漏洞，漏洞险情一般发展迅速，漏洞极容易迅速扩大，是堤防最严重的险情之一，表象为渗水集中、水量较大，漏洞入口较高或渗水量较大时，上游入口水面会出现旋涡现象。当外水面出现旋涡或渗水量较大时，应尽量探测出漏洞入口位置，有条件时可安排潜水员摸探；找到漏洞进口后，首先用塞堵法进行处理，塞堵物料有软楔、棉絮、草捆、软罩等，塞堵时应"快""准""稳"；如未探测到漏洞进口具体位置，可在临水面倒填黏土及时封堵；无论是否找到漏洞进口位置，均须在出口抢筑反滤围井。对于漏洞险情，特别是浑水漏洞，要求抢护行动一定要迅速，在漏洞险情发展初期及时堵塞。

4. 滑坡险情及抢护措施

滑坡为堤身或堤基土体沿软弱结构面滑动，滑动面上部呈圆弧形，下部土体被推挤外移、隆起的现象。脱坡为堤身土体沿软弱层开裂，形成纵向裂缝，土体下挫滑塌的现象。出现滑坡险情的主要原因有：高水位持续时间过长、新旧土体之间结合不好、土体碾压不实等。对于滑坡险情可遵循上部削坡减载、下部固脚压重原则。阻滑固脚材料可采用土袋、块石、石笼等重物。雨天须覆盖防雨布保护滑坡体。若为渗流作用引起的滑坡，临水面应采取截渗措施,背水面须开沟导渗。

5. 跌窝险情及抢护措施

因蚁、鼠等动物活动或土颗粒长期被渗水带走,堤顶或堤坡发生局部塌陷的现象称为跌窝,又称"陷坑",跌窝险情一般伴随着漏洞、渗水等险情同时发生,严重时导致堤防突然失事。表象为土体塌陷、有明显坑口。对于跌窝险情可遵循查明原因、还土填实原则。采取以下方法:

(1) 翻填夯实法。适用于跌窝内无渗水、漏洞等情况。先将坑内松土挖除,再分层填土夯实。如跌窝位于堤坝顶或临水坡,须用防渗性能好的土料回填;如跌窝位于背水坡,须用透水性能好的土料回填。

(2) 填塞封堵法。适用于临水坡水下部位的跌窝。先将土袋抛填跌窝,填满后再倒填黏土。

(3) 填筑滤料法。适用于背水坡内有渗水或漏洞的跌窝险情。临水坡截堵渗水,背水坡先清除坑内松软土,然后用粗砂填实(如渗水严重,可填块石、砖块等透水材料消杀水势),最后铺筑砂石反滤层。但是在抢护跌窝险情时,要注意查明险情发生的原因,针对不同的原因选用不同的方法进行抢护,在抢护过程中也应该注意上游水位的变化,以免发生意外情况。

6. 崩岸险情及抢护措施

因水流长期冲刷堤脚造成临水坡失稳坍塌的现象称为崩岸,主要有崩塌和滑脱两种表现形式。崩岸险情发生一般较为突然,发展迅速,产生的后果也极为严重,往往会导致堤防失事。对于崩岸险情,一般先清理崩岸处,再抛投土袋、块石等防冲物。水深流急处可抛投石笼,必要时借助抛石船抛投。

7. 裂缝险情及抢护措施

裂缝是一种常见的堤防险情,往往是其他险情的预兆。按其出现的部位可分为表面裂缝和内部裂缝;按其走向可分为横向裂缝、纵向裂缝、龟纹裂缝,走向与堤顶轴线平行的为纵向裂缝,垂直或斜交的为横向裂缝。横向裂缝一经发现必须迅速抢护;按其成因可分为不均匀沉陷裂缝、滑坡裂缝、干缩裂缝、冰冻裂缝、震动裂缝,其中横向裂缝和滑坡裂缝的危害性较大。如果出现裂缝险情可采取以下方法进行抢护:

(1) 横墙隔断法。适用于横向裂缝,先沿裂缝方向开挖沟槽,再沿与裂缝垂直方向开挖沟槽(间距 3~5m),沟槽内黏土分层回填并夯实。如裂缝已与外水相通,开挖沟槽前,须在临水面抛填黏土截流处理。

(2) 封堵缝口法。适用于宽度小于 1cm、深度小于 1m,不会发展的纵向裂缝。先用干而细的砂壤土灌入缝口,并用木条捣实,再沿裂缝作宽 5~10cm、高 3~5m 的小土埂压住缝口,以防雨水浸入。

8. 风浪险情及抢护措施

堤防临水坡因风浪冲击造成土体被冲刷的现象称为风浪险情。风浪险情会使堤防土料或护坡被水流冲击淘刷,轻者把堤防临水坡冲刷成陡坎,重者造成坍塌、滑坡、漫顶等险情,对于风浪险情一般可采取以下方法进行抢护:①铺设防浪布法,将彩条布沿临水坡铺设，顶部高出水位 1.5～2m 并用砂石袋固定，底部拴石块或砂石袋坠压防漂浮；②挂树枝防浪法：将树木枝条铺设于堤坡上，枝叶朝下置入水中，上部用沙袋压住。

9. 漫溢险情及抢护措施

洪水漫过堤顶的现象称为漫溢。对于土堤而言，漫溢为重大险情，必须及时抢护。漫溢险情的抢护主要以预防为主，需要在洪水来临之前，因地制宜，就地取材，对堤防进行加高处理。如果预测水位继续上涨时，应及时清除堤顶接触面杂物，在堤顶临水面侧的堤肩 0.5～1.0m 处全段提前抢筑土袋子堤，土袋抢筑要逐层向内收缩、上下错开、相互搭接、用脚踩紧。子堤临水面侧需铺设彩条布防渗。

10. 穿堤建筑物裂缝险情及抢护措施

穿堤建筑物裂缝一般分为表面裂缝、内部深层裂缝和贯通性裂缝。对于表面裂缝，可通过表面涂抹、表面黏补、凿槽嵌补等方式进行抢护，当产生缝宽大于 0.5mm 的深层裂缝可以通过水泥灌浆堵住裂缝，小于 0.5mm 的深层裂缝宜采用化学灌浆。当发生综合性裂缝时，处理方法是对裂缝进行表面或内部处理，并骑缝加混凝土三角形或圆形塞，或采取预应力锚固、灌浆锚杆、加箍、加撑或加大构件断面等加固措施，有时还要辅以排水减压措施。

11. 穿堤建筑物连接处渗漏险情及抢护措施

在高水位渗压作用下，涵闸、管道等穿堤建筑物与土堤结合处易形成渗流通道，产生渗水、漏洞等险情，称为接触渗漏。对于穿堤建筑物接处渗漏险情可遵循临河隔渗、背河导渗堵塞漏洞进口的原则。临水坡漏洞进口处采用篷布盖堵，当漏洞尺寸不大，且水深在 2.5m 以内时，宜采用草捆或棉絮堵塞，背河处可采用砂石反滤、土工织物滤层。

12. 涵闸滑动失稳险情及抢护措施

因上游水压力、浪压力、扬压力增大等原因，易导致涵闸滑动失稳。涵闸滑动失稳为重大险情，必须立即抢护。可采取以下方法进行抢护：

（1）下游堆重阻滑法。适用于圆弧滑动和混合滑动两种险情抢护，即在滑动面下端堆砌土袋、块石等重物。

（2）增加摩阻力法。适用于平面缓慢滑动险情的抢护，即在闸墩等部位堆放块石、土袋或钢铁等重物，注意加载不得超过限度。

（3）下游蓄水平压法。在水闸下游一定范围内用土袋筑成围堤，壅高水位以减小水头差。

（4）圈堤围堵法。一般适用于闸前有较宽滩地的情况，圈堤修筑高度通常与闸两侧堤防高度相同，圈堤临河侧可堆筑土袋，背水侧填筑土戗，或两侧堆土袋中间填土夯实。

13. 闸基渗漏或管涌险情及抢护措施

因涵闸基础轮廓渗径不足、渗流比降大于地基土允许比降，易产生渗水破坏，形成冲蚀通道。可采取以下方法进行抢护：

（1）闸上游落淤阻渗法。关闸后在渗漏进口处船载黏土袋闸前抛投，再抛撒黏土落淤阻渗。

（2）闸下游管涌区筑反滤围井法。清除地面杂物与软泥后，用土袋分层错缝筑围井，井内分层铺设反滤料，并设排水管排水。

（3）下游围堤蓄水平压法。在背河堤脚出险范围外用土袋抢筑月堤，积蓄漏水以抬高水位反压，制止涌水带出砂粒，并设排水管排水。

14. 闸门启闭故障或失灵险情及抢护措施

闸门启闭故障或失灵险情包括启闭设备失灵、闸门变形、闸门漏水、螺杆弯曲等险情。可采取以下方法进行抢护：

（1）闸门启闭失灵的抢护。先吊放检修闸门或叠梁，如有漏水，可在检修门前或叠梁前铺放篷布和抛填土袋封堵。待不漏水后，再对工作闸门启闭设备进行抢修或更换。如果未设检修闸门及门槽，可根据工作门槽或闸孔的宽度临时焊制一网格框架，吊放卡在闸门前，然后抛填石（土）枕、土袋堵漏水。

（2）闸门漏水抢堵。关闸后在闸门上游用沥青麻丝、棉絮等堵塞缝隙，并用木楔挤紧。如系木闸门漏水，也可用木条、木板或布条柏油进行修补或堵塞。

（3）启闭机螺杆弯曲抢修。

2.3 鄱阳湖区蓄滞洪区

我国是一个洪涝灾害频发的国家，大江大河的中下游地区地势低平、人口众多，经济发达，江河两岸都修筑了大量堤防，造成洪水季节峰高量大，河道宣泄不畅。在上游修建水库拦蓄调控洪水、加固江河堤防、扩大河道排泄洪水能力，构建江河防洪减灾体系的同时，因地制宜选择湖泊、洼地和部分农田开辟为蓄滞洪区。蓄滞洪区是指河堤外临时储存洪水的低洼地区及湖泊，是最后一道防线，符合现代洪水治理中疏堵结合的逻辑，蓄滞洪区内居民通常要为洪水治理做出牺牲。

蓄滞洪区是包括行洪区、分洪区、蓄洪区和滞洪区。行洪区指天然河道及其两侧或河岸大堤之间，在大洪水时用以宣泄洪水的区域。类似于车辆通行道路。分洪区是利用平原区湖泊、洼地、淀泊修筑围堤，或利用原有低洼圩垸分泄河段超额洪水的区域。类似于高峰期用于车辆分流的路边备用停车场或应急分流道路。蓄洪区是分洪区发挥调洪性能的一种，它是指用于暂时蓄存河段分泄的超额洪水，待防洪情况许可时，再向区外排泄的区域。类似于路边备用停车场，交通高峰时吸纳部分车辆进来，待高峰期过后才放行。滞洪区是分洪区起调洪性能的一种，这种区域具有"上吞下吐"的能力，其容量只能对河段分泄的洪水起到削减洪峰，或短期阻滞洪水作用。类似于预留的应急分流车道，交通高峰时分流部分车辆到下一个路口汇合，只能对分流区域内削减车流峰值。

当遭遇超标准大洪水时，作为临时的行洪、滞洪场所，为洪水让路，缓解水库和河道蓄泄不足的矛盾，能最大程度减轻洪水灾害，是合理处理局部与全局的关系，防御大洪水和特大洪水的重要措施。例如，当长江和鄱阳湖防洪压力渐长，需把超出库区能力的洪水主动导入蓄滞洪区，保护长江沿线城市不因洪水灾害造成更严重的损失。

2.3.1 蓄滞洪区分布

根据《中华人民共和国防洪法》，蓄滞洪区是指包括分洪口在内的河堤背水面以外临时储存洪水的低洼地区及湖泊等，相当于城市建设中的路边备用停车场和应急车道，用于上下班高峰时调节车流量。蓄滞洪区也常被称为"洪水招待所"，待江河水位下降后，让区内洪水退去，实现洪水"分得进、蓄得住、退得出"。根据 2009 年《全国蓄滞洪区建设与管理规划》，我国规划建设的蓄滞洪区共有 94 处，总面积约为 3.37 万 km²，总蓄洪量为 1073.5 亿 m³，区内总人口 1656.4 万人，耕地面积为 2589.9 万亩，GDP 总量为 1089.9 亿元，见表 2.4。

表 2.4 我国蓄滞洪区分布情况

流域	数量/处	总面积/km²	耕地面积/万亩	区内人口/万人	GDP/亿元	蓄洪量/亿 m³
长江	40	12036.0	711.8	632.5	278.5	589.7
黄河	2	2943.0	286.8	211.8	93.7	51.2
淮河	21	5283.8	448.6	268.6	121.5	165.8
海河	28	10693.4	1026.0	521.2	584.6	197.9
松花江	2	2680.0	110.0	16.4	7.0	64.8
珠江	1	80.3	6.7	5.9	4.6	4.1
合计	94	33716.5	2589.9	1656.4	1089.9	1073.5

我国长江流域蓄滞洪区所占面积最多。根据《长江洪水调度方案》[11]，长江中游干流目前安排了 40 处蓄滞洪区（如洪湖蓄滞洪区按东、中、西 3 块考虑，则总数为 42 处），总面积约为 1.2 万 km²，耕地面积为 711.8 万亩，人口 632.5 万人，有效蓄洪量为 589.7 亿 m³，具体见表 2.5。

表 2.5 长江流域蓄滞洪区分布情况[13]

蓄滞洪区	面积/km²	耕地面积/万亩	区内人口/万人	需转移安置/万人	蓄洪量/亿 m³
荆江地区	1465.3	90.2	88.7	68.5	71.6
城陵矶附近区	5730.5	364.0	295.3	285.2	344.8
武汉附近区	2943.9	164.5	195.8	175.8	122.1
湖口附近区	1865.2	93.2	72.7	71.9	51.2
合计	12005.0	711.8	632.5	601.5	589.7

鄱阳湖区共有 5 个蓄滞洪区，其中 4 个为位于江西省的康山、珠湖、黄湖和方洲斜塘蓄滞洪区，承担分洪量总计 26 亿多 m³，另外一个为位于安徽省的华阳河蓄洪区[12]。此外，江西省在信江还设有貉皮岭分洪道一处。

（1）康山蓄滞洪区是国家重要蓄滞洪区之一，也是江西省最大、首先启用的蓄滞洪区，有效蓄洪容积超 15 亿 m³，产生的效果最明显。康山蓄滞洪区位于鄱阳湖东岸，上饶市余干县城西北部，赣江南支、抚河、信江三河汇流口的尾闾，面积为 18.52km²。区内康山大堤 1966 年建设，辖 2 镇、3 乡、2 局、1 垦殖场，耕地面积为 312.37 万亩，水产养殖 20.9 万亩。设计蓄滞洪水位以下需要安全转移的居民近 3 万人。康山蓄滞洪区建成以来除 1983 年决口受淹外，尚未运用过。

（2）珠湖蓄滞洪区位于鄱阳湖东岸，饶河出口附近，归上饶市鄱阳县管辖。蓄滞洪区西北部以珠湖大堤与鄱阳湖分隔，是鄱阳湖 4 座蓄滞洪区组成之一。该区蓄洪面积为 8.42km²，有效蓄洪量为 5.35 亿 m³。区内共有 6 个乡镇，耕地面积为 156.20 万亩，水产养殖面积为 2.10 万亩，设计蓄滞洪水位以下需要安全转移的居民 10.27 万余人。

（3）黄湖蓄滞洪区位于鄱阳湖南缘，南昌县蒋巷联圩东北部，地处赣江南支、赣江中支的入湖尾闾，归南昌县蒋巷镇管辖。该区三面临水，耕地面积为 49.28km²，有效蓄洪量为 2.96 亿 m³。区内涉及 11 个行政村，农田面积 4.63 万亩。分蓄洪需安全转移居民约 0.60 万人。

（4）方洲斜塘蓄滞洪区位于赣西联圩西北部，赣江主支左岸，鄱阳湖西南缘，属新建区铁河乡管辖。区内耕地面积为 35.41km²，有效蓄洪量为 2.09 亿 m³，区内面积 3.27 万亩，水产养殖面积 0.91 万亩。设计蓄滞洪水位以下需要安全转移居民 0.74 万人。鄱阳湖蓄滞洪区分布情况见表 2.6。

表 2.6　　　　　　　　　　　　　鄱阳湖蓄滞洪区分布情况

蓄滞洪区	面积/km²	耕地面积/万亩	区内人口/万人	需转移安置/万人	蓄洪量/亿 m³
康山	18.52	312.37	10.34	10.34	16.58
珠湖	8.42	156.20	10.27	10.27	5.35
黄湖	4.70	49.28	0.60	0.60	2.96
方洲斜塘	3.27	35.41	0.47	0.74	2.04
合　计	34.91	553.26	21.95	21.95	26.93

2.3.2　蓄滞洪区调度运用

根据《长江洪水调度方案》（国汛〔2011〕22 号），湖区洲滩民垸和蓄滞洪区启用条件如下：

（1）当湖口水位达到 20.50m 时，并预报继续上涨，视实时洪水水情，扒开武穴至湖口河段长江干堤之间、鄱阳湖区洲滩民垸进洪，充分利用河湖泄蓄洪水。湖口水位达到 21.50m（鄱阳湖万亩以上单退圩堤水位为 21.68m）时，洲滩民垸应全部运用。

（2）当湖口水位达到 22.50m 时，并预报继续上涨，首先运用鄱阳湖区的康山蓄滞洪区，相继运用珠湖、黄湖、方洲斜塘蓄滞洪区蓄纳洪水；同时做好华阳河蓄滞洪区分洪的各项准备。

（3）鄱阳湖蓄滞洪区的运用由长江防汛抗旱总指挥部会商所在省人民政府决定，由所在省防汛抗旱指挥部负责组织实施，并报国家防总备案。

例如，2020 年 6 月 17 日，湖口站水位达到今年的新高 15.89m，经小幅调整 2d 后，从 6 月 19 日开始起，进入快速上涨阶段，7 月 6 日突破警戒水位，7 月 11 日超过 1954 年洪水位 21.68m，逼近保证水位和 1998 年的历史最高洪水位。根据有关调度方案：湖口水位达到运用标准 21.50m 时，洲滩民垸全部运用。江西省防汛抗旱指挥部 7 月 9 日下发《关于切实做好单退圩堤运用的通知》，就单退圩运用提出了要求。7 月 10 日晚，江西水文局预测，鄱阳湖出口控制站即湖口站水位达到甚至突破 1998 年水位的可能性很大。由于湖口站保证水位是 22.50m，历史纪录最高水位是 1998 年的 22.59m。

根据上述规定，湖口水位达到 22.50m 是鄱阳湖蓄滞洪区启用的先决条件，从当时水情形势看，康山蓄滞洪区运用条件已经具备，箭在弦上。由于江西省蓄滞洪区建成后从未运用过（1998年曾达到条件，后综合研判水位涨势放缓未运用），区内百姓通过多年的耕地建房，一旦启用造成的损失将非常严重。如康山蓄滞洪区涉及8个乡镇场地54个行政村，需紧急转移近7000户、3万人，转移成本和代价巨大。坚持人民至上的理念，谨慎决策的基本原则，鄱阳湖区蓄滞洪区是否启用，既要综合气象、水文的实时和预报信息，提出运用前可采取的其他措施，又要在做出决策后根据预案做好充分的前期准备和人员转移避险工作。江西省防汛抗旱指挥部在紧锣密鼓做好康山蓄滞洪区运用分洪一切准备的同时，加大水库调度和单退圩的运用。

根据文献[11]统计分析：2020年7月11日，江西省防汛抗旱指挥部调度柘林水库将泄洪流量由 $3460m^3/s$ 减小至 $1810m^3/s$；实际上自7月6日以来，江西加大水库群的联合调度，全省水库共拦蓄洪量18亿 m^3。7月12日，江西省防汛抗旱指挥部再次下发《关于全面启用单退圩堤蓄滞洪的紧急通知》，要求湖区所有单退圩堤必须主动开闸清堰分蓄洪水，降低鄱阳湖水位。由于鄱阳湖区185座单退圩开闸行洪，进洪量20多亿 m^3，实际降低鄱阳湖水位 $25\sim30cm$。全省水库共拦蓄洪量18亿 m^3，降低了鄱阳湖水位约18cm。7月12日20时，鄱阳湖湖口站水位一路冲上22.49m，创当年的新高，随即扭头缓慢向下。该水位距蓄滞洪区运用水位22.5m仅差1cm，距历史最高纪录22.59m差10cm。与此同时，鄱阳湖星子站、都昌站、鄱阳站等水位都创下了新的历史纪录。

蓄滞洪区是鄱阳湖流域抵御洪水的"熔断器""洪水招待所"，在2020年特大洪水中依然没有创造纪录，成功将运用纪录继续保持在"0"。然而，由于多种原因，鄱阳湖蓄滞洪区安全建设还较滞后，整体防洪能力还偏弱，也难以满足蓄滞洪区正常运用的需要。因此，需要从国家层面加快和加大蓄滞洪区安全工程建设，以确保蓄滞洪区人民生命财产安全及流域防洪安全为目标，筑牢鄱阳湖防洪工程体系最后一道防线。

2.4 本章小结

本章从自然地理、气象、水文、社会经济状况和防洪工程情况等方面简要介绍了鄱阳湖基本情况，阐述了鄱阳湖区堤防工程的建设过程，分布及组成，统计分析了鄱阳湖区重点堤防工程的水文特性、地质特性及安全等级。并基于历年防汛数据统计分析了鄱阳湖区重点堤防的险情特点和历时溃决事件，从堤身渗漏、堤基渗漏和渗透破坏问题、堤基变形和堤（岸）坡失稳问题这四个方面指出了鄱阳湖区重点堤防工程存在的安全隐患及其原因，最后介绍了鄱阳湖区蓄滞洪区分布及调度运用情况。

本 章 参 考 文 献

[1]　王海菁. 康山蓄滞洪区避洪转移安置研究 [D]. 南昌：南昌大学，2015.

[2]　江西省水利规划设计院. 江西省鄱阳湖蓄滞洪区安全建设工程可行性研究报告 [R]. 江西省水利厅，2014.

［3］ 胡松涛，孙军红. 康山蓄滞洪区洪水风险图研制分析［J］. 江西水利科技，2011，37（3）：195-198.

［4］ 刘斌，徐良斌. 浅谈鄱阳湖防洪保障体系建设及保护对策［J］. 农林经济管理学报，2006，5（3）：121-122.

［5］ 江西省鄱阳湖水利枢纽建设办公室. 为了"一湖清水"——鄱阳湖水利枢纽工程介绍［J］. 江西水利科技，2013，39（2）：83-91.

［6］ 余豪峰. 基于 GIS 和 BP 神经网络的洪灾损失系统设计与开发［D］. 赣州：江西理工大学，2008.

［7］ 胡久伟. 鄱阳湖区洪灾风险分析与评估［D］. 南昌：江西师范大学，2011.

［8］ 游中琼，余启辉，徐照明. 鄱阳湖区综合治理规划［C］. 中国水利学会 2013 学术年会论文集—S2 湖泊治理开发与保护，2013：799-803.

［9］ 欧正蜂，李宁，张颖，等. 鄱阳湖区重点堤防溃决风险评价体系构建［J］. 江西水利科技，2018，44（6）：391-395.

［10］ 周王莹，彭敏萱，傅琼华，等. 鄱阳湖洪水研究系列科普［Z］. 南昌：江西省水利科学院，2020.

［11］ 雷声，张秀平，袁晓峰，等. 鄱阳湖单退圩实践与思考［J］. 水利学报，2021.

第3章 典型堤防工程及蓄滞洪区介绍

本书依托鄱阳湖区典型堤防工程（康山大堤与三角联圩）及蓄滞洪区（康山和珠湖蓄滞洪区）等工程背景，验证本书所提出方法及建立模型的有效性及可行性。为此，本章着重介绍湖区典型堤防工程及蓄滞洪区的基本概况，包括水文、地质、堤身与堤基等情况。同时，初步评价堤身与堤基是否达标，分析堤身与堤基的渗漏情况；介绍蓄滞洪区水文、地理等信息，统计蓄滞洪区保护的人口、耕地面积和财产等情况。

3.1 康山大堤

康山大堤位于余干县境内，鄱阳湖南岸，南部以低丘及小隔堤与信瑞联圩相邻。堤身起始于康山垦殖场糯米咀，向东北经梅溪咀、沙夹里、锣鼓山、火石洲向东过大湖口、寿港、甘泉洲至大堤东端院前闸，与信瑞联圩隔堤相靠。康山大堤为四级堤防，全长为36.25km，堤防保护陆地面积为343.3km²，保护耕地为14.43万亩，其中旱地面积为2.40万亩。保护水面面积为2.10万亩，保护人口8.57万人，堤防内工农业总产值为9.50亿元，其中工业产值为5.31亿元，农业产值为4.19亿元。穿堤建筑物有梅溪咀闸、锣鼓山电排站、大湖口闸、落脚湖电排站、里溪闸[1-5]。

由于其处于鄱阳湖区湖盆内，受鄱阳湖洪水影响较大，且洪水历时较长，洪水灾害频率较高且损失较大。经过长期的发展，堤内经济与防洪矛盾日益突出，堤防运行时间长，原有加固措施不彻底等，导致堤防防洪能力低，不能在遭遇分洪水位时及时分洪。康山大堤经过鄱阳湖一期及二期四个单项先后两次加固之后，其防洪能力已有较大提高。康山大堤防洪目标是在康山站水位22.55m时须安全度汛。根据相关部门的要求，堤防在内湖水位16.50m以下须安全度汛。

3.1.1 水文条件

康山大堤地处鄱阳湖湖盆区，而鄱阳湖承纳赣江、抚河、信江、饶河和修河五大河流的水，最后由湖口流入长江，不仅受季节影响，还受"五河"和长江的影响，流域面积为16.22万km²。所处区域属亚热带季风湿润气候区，雨量充沛，多年平均降水量为1589.22mm，降水量年际变化较大、年内分配不均，最大年降雨量为2187.6mm是最小年降雨量1081.1mm的2.02倍，多年平均蒸发量为1146.5mm。康山站设计洪水位为20.68m，承担着长江15.66亿m³的超额洪水。主要降水时期为每年的4—9月，暴雨历时一般为4～5d。据统计，湖区水位以单峰形式出现占了47%，双峰占了53%，湖区水位变幅较大，湖面面积、容积、水深变化也较大。据历史资料统计，湖口站年最高水位18m以上出现的频率为34%，且有升高的趋势，加上时常出现长江江水倒灌现象。根据湖口站 1950—2019 年共 70 年资料，有 53 年发生倒灌，长江倒灌入鄱阳湖总水量为 1462 亿 m^3，年平均倒灌量为 27.6 亿 m^3，其中 1991 年倒灌量高达 113.9 亿 $m^{3[1-4]}$。

3.1.2 地质条件

康山大堤堤身材料是以黏土、壤土为主（包含黏土、壤土、含砾黏土、砂壤土等），土质较差且渗透系数较大，致使其防渗能力差。汛期湖水易通过透水性较强的砂性土渗入堤内，产生堤身渗漏甚至脱坡。堤身顶面起伏不完整，内外坡部分坡度较陡，全堤段为临湖堤，汛期吹程远，风浪大，风浪对堤坡影响较大。

康山大堤堤基主要是由第四系全新统冲积层（alQ_4）和局部为第四系中更新统冲积层（alQ_2）组成，下伏基岩为中元古界双桥山群（P_{t2}^1）灰岩、粉砂岩和白垩系（Kt）粉砂岩。根据勘探深度范围内岩石、黏性土、粗粒土和特殊土的分布与组合关系分类可知，堤基地质结构主要分为双层结构（Ⅱ类）及多层结构（Ⅲ类）[2]。如桩号 28k＋700～30k＋300 堤段，Ⅱ$_1$ 结构长 1.6km，堤基表层由黏性土组成，主要为第四系全新统黏土、壤土及第四系中更新统黏土组成，其厚度相对较薄（1.0～4.5m），其下为砂类土或砂卵砾石层。由于堤基上部黏性土厚度不大，其下为透水性相对较强的砂类土或砂卵砾石，尤其在堤内外两侧表层遭到挖塘取土破坏的堤段，汛期存在渗透变形破坏的隐患。如桩号 0k＋000～9k＋700、10k＋700～11k＋200、13k＋850～18k＋100、19k＋250～28k＋700、30k＋300～36k＋000 堤段，Ⅱ$_2$ 结构长 29.6km，堤基表层由黏性土组成，主要为第四系全新统黏土、壤土、淤泥质黏土及第四系中更新统黏土、壤土组成，总体厚度大于 4.5m。如桩号 9k＋700～10k＋700、18k＋100～19k＋250 堤段，Ⅲ$_1$ 结构长 2.5km，堤基表层由第四系全新统砂壤土、细砂层组成。如桩号 13k＋200～13k＋800 堤段，Ⅲ$_2$ 结构长 0.65km，堤基表层由黏性土组成，主要为第四系全新统黏土、壤土及第四系中更新统黏土组成，其厚度相对较薄（1.0～4.5m），其下为砂类土或砂卵砾石层。由于堤基上部黏性土厚度不大，其下为透水性相对较强的砂类土或砂卵砾石。Ⅲ$_3$ 结构长 20km，堤基表层由黏性土组成，主要为第四系全新统黏土、壤土、淤泥质黏土及第四系中更新统黏土、壤土组成，总体厚度大于 4.5m。

综上，堤基为 Ⅱ$_1$、Ⅲ$_2$、Ⅲ$_3$ 类结构在汛期容易出现渗漏现象，进而诱发溃堤灾害，此类堤段总长约有 4.75km。堤基为 Ⅲ$_1$ 类结构类型，上部由中更新统黏土组成，厚为 4.3～6.7m，下部由中更新统细砂、中砂、砂卵砾石组成，揭露厚度为 11.7～11.9m。根据康山大堤相关勘探和设计资料，堤基上部主要由黏土构成，渗透系数为 $5.0×10^{-8}$ m/s，堤基防渗性能整体较好。

3.1.3 堤身与堤基

康山大堤工程级别为四级，在核算堤坡稳定、渗流稳定之后，便可确定堤防标准断面。按照水利部水规〔1998〕46 号文对《江西省鄱阳湖区重点圩堤及分蓄洪亚工程总体初步设计》的批复，标准断面确定如下：①堤防设计堤顶宽度 7.0m，堤顶安全超高 2.0m，设计堤顶高程 22.68m，临水坡为 1：3，背水坡设 2.0m 宽的马道，马道以上边坡 1：3，马道以下边坡 1：3.5；②堤顶设 6.0m 宽泥结碎石路面，康山大堤标准断面和工程特性见图 3.1 和表 3.1。

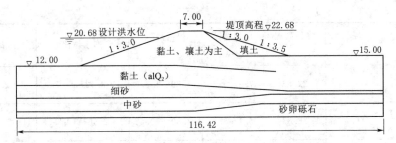

图 3.1 康山大堤标准断面（单位：m）

表 3.1 堤 防 工 程 特 性

水文				工程效益			标准断面				
设计水位 /m	校核水位 /m	防洪标准 P/%	最大风速 /(m/s)	保护人口 /万人	保护农田 /万亩	保护面积 /km²	堤顶高程 /m	堤顶宽度 /m	临水坡比	背水坡比	堤线长 /km
20.68	22.08	5	16.1	8.57	14.43	343.4	22.68	7.0	1：3.0	1：3.0/ 1：3.5	36.25

根据设计资料与标准断面及设计参数的具体情况见表 3.2。

表 3.2 康山大堤现状情况分析表

序号	起止桩号	堤长 /km	堤顶高程 /m	堤顶宽度 /m	堤内高程 /m	迎水坡比	背水坡比
1	0k+000～ 1k+500	1.5	22.83	6.3～8.2	17.12～20.24	1：3.2～1：3.6	1：2.85～1：3.48
2	1k+500～ 2k+000	0.5	22.83	6.3～8.1	14.47～20.96	1：2.66～1：3.3	1：1.56～1：3.10
3	2k+000～ 4k+800	2.8	22.83	6.6～8.9	14.63～16.54	1：3.1～1：3.58	1：2.67～1：3.13
4	4k+800～ 6k+200	1.4	22.83	5.3～5.9	13.19～14.30	1：3.18～1：3.5	1：3.34～1：3.95
5	6k+200～ 6k+700	0.5	22.83	6.7～7.2	14.50～14.72	1：2.7～1：3.04	1：2.56～1：3.14
6	6k+700～ 7k+800	1.1	22.83	5.8～6.2	14.13～14.74	1：3.1～1：3.39	1：2.58～1：3.13
7	7k+800～ 8k+400	0.6	22.83	6.3～8.9	14.41～14.53	1：3.43～1：3.8	1：2.87～1：3.41
8	8k+400～ 8k+900	0.5	22.83	7.4～7.7	14.76～15.59	1：3.28～1：3.65	1：2.72～1：2.96
9	8k+900～ 10k+000	1.1	22.83	6.1～8.8	14.63～15.30	1：3.36～1：3.85	1：2.52～1：3.10
10	10k+000～ 10k+200	0.2	22.83	7.6～8.5	15.38～15.72	1：2.04～1：3.08	1：2.65～1：3.30

续表

序号	起止桩号	堤长 /km	堤顶高程 /m	堤顶宽度 /m	堤内高程 /m	迎水坡比	背水坡比
11	10k+200～11k+700	1.5	22.83	7.3～9.2	13.89～14.30	1：3.42～1：3.9	1：2.7～1：2.91
12	11k+700～12k+600	0.9	22.83	6.1～8.9	13.30～13.62	1：2.56～1：3.38	1：2.52～1：3.05
13	12k+600～15k+800	3.2	22.83	7.4～8.3	14.10～16.38	1：2.96～1：3.72	1：2.99～1：3.28
14	15k+800～17k+000	1.2	22.83	7.6～8.6	14.26～16.38	1：2.02～1：3.67	1：2.57～1：2.75
15	17k+000～24k+600	7.6	22.83	6.1～8.6	14.22～14.62	1：2.58～1：3.31	1：2.69～1：3.19
16	24k+600～25k+300	0.7	22.83	6.2～7.6	13.48～14.52	1：3.38～1：4.2	1：3.2～1：3.7
17	25k+300～27k+400	2.1	22.83	6.2～8.1	13.57～13.87	1：4.01～1：4.16	1：2.54～1：3.4
18	27k+400～27k+900	0.5	22.83	6.3～8.6	13.17～13.37	1：2.32～1：4.05	1：1.62～1：3.2
19	27k+900～28k+900	1	22.83	6.3～8.4	13.39～13.96	1：3.16～1：4.05	1：3.12～1：3.39
20	28k+900～29k+100	0.2	22.83	6.1～6.5	13.76～14.31	1：1.35～1：2.61	1：2.85～1：3.41
21	29k+100～30k+300	1.2	22.83	6.4～10.2	13.96～14.34	1：3.74～1：4.08	1：3.14～1：3.28
22	30k+300～30k+500	0.2	22.83	7.1～9.9	14.78～15.23	1：2.85～1：3.05	1：1.85～1：4.18
23	30k+500～32k+700	2.2	22.83	6.5～8.4	14.39～14.79	1：2.61～1：3.32	1：2.72～1：3.07
24	32k+700～33k+200	0.5	22.83	6.9～11.9	14.40～15.05	1：2.29～1：3.29	1：2.18～1：3.15
25	33k+200～35k+700	2.5	22.83	6.1～11.0	14.05～14.47	1：2.98～1：3.29	1：2.77～1：3.03
26	35k+700～36k+250	0.55	22.83	6.0～7.7	14.97～17.89	1：2.54～1：3.17	1：2.09～1：3.34

康山大堤原堤身材料主要由黏土、壤土组成，虽然堤身填土质量总体较好，但是一些堤段由砂壤土、细粉砂组成，在汛期容易发生渗漏。原堤身断面由于人工材料填筑和施工质量差异较大，土质松散，级配不符合要求。在鄱阳湖治理一期工程建设中，对部分堤段进行了灌浆处理，改善了土质，使得土质松散、填土碾压不密实等问题得到了解决。在鄱阳湖治理二期工程的四个单项中，对1998年洪水造成的险情，分别采取了垂直铺筑、深层搅拌等堤身防渗措施。尽管如此，由于堤线长，险情和隐患严重，堤身渗漏险情仍不能

完全根除，1999年汛期又出现新的险情。根据1999年以后汛期出险情况的调查，堤身仍有渗漏险情5处，长为5.05km，见表3.3。经勘察发现，产生渗漏的主要原因是堤身夹有砂性土和填土质量较差等。

表3.3 堤身渗漏险情情况分析表

序号	起止桩号	出险长度/m	险段级别	险情情况	堤身土质	出险时间	设计处理措施
1	0k+800～2k+000	1200	二	内坡渗漏	含砾黏土	1999	深层搅拌桩
2	5k+350～5k+450	100	二	内坡渗漏	黏土、壤土	1999	深层搅拌桩
3	18k+100～19k+000	900	二	内坡渗漏	黏土、壤土	1999	深层搅拌桩
4	19k+600～21k+300	1700	二	内坡渗漏	砂壤土夹粉细砂	1999	深层搅拌桩
5	24k+000～25k+150	1150	二	内坡渗漏	黏土、壤土	1999	深层搅拌桩

由于就近取土、人工筑堤，并且地基中存在砾石，使得堤基II₂类结构黏性土层变薄，导致在汛期发生渗透破坏。该类堤段总长14.28km，其中存在堤基渗漏险情或隐患的堤段总长18.62km。1998年汛期持续时间长，圩区内涝严重，内水位高，堤段险情未完全被发现。直至1999年汛期，鄱阳湖经历第二次高洪水位，圩区内涝水位较低，汛期形成渗漏通道的隐患彻底显露。堤基新渗漏险情不断出现，分布在堤脚处30m范围内，管涌直径5～10cm，成片分布较多。2020年汛期康山大堤康山段发现了大面积的泡泉群，泡泉不断往外流水，具体险情情况见表3.4。

表3.4 康山大堤堤基渗漏、泡泉险段情况

序号	起止桩号	出险长度/m	险段级别	险情及存在问题	处理措施
1	18k+950～19k+600	650	三	堤基渗漏、堤脚泡泉	加防渗铺盖
2	29k+420～30k+300	880	三	堤基渗漏、堤脚泡泉	加防渗铺盖

2020年7月江西北部已经连日暴雨，鄱阳县多个圩堤（问桂道圩堤和中洲圩等）出现决口，洪水冲进道路，淹没田地和房屋。巡堤查险人员在康山大堤康山段发现了大面积的泡泉群，坝底的泡泉不断往外流水，坝体出现滑动变形，发生脱坡，脱坡长度约200m，总面积约1万m²。险情发生后，江西省武警总队官兵紧急投入到抢险中，和当地的干部群众一起抢修大堤。在武警官兵和当地抗洪人员的共同努力下，发生的险情基本排除。2020年7月11日，康山水文站水位达到了22.45m，比1998年历史最高洪水位还高0.02m，但还未到达分洪水位。按7月10日的预测，湖口水位很有可能突破蓄滞洪区的启用条件，预测会高于22.5m，按预案做好了分洪的一切准备。如果分洪，居住在23.2m以下水位的住户都要撤离，后经江西省防汛抗旱指挥部的调度，及时对185座单退圩开闸行洪、对上游水库拦蓄洪水，使鄱阳湖水位得到一定程度的下降，最终湖口最高水位是7月12日的22.49m（吴淞高程），没有分洪。7月14日，根据当地水文部门最新监测数据，堤前水位降至22.32m，抢险护堤工作仍在进行中。

3.2 三角联圩

三角联圩地处江西省九江市永修县境内，圩区四面环水，西北面是修河的下游，东北

面为鄱阳湖，南面以蚂蚁河为间隔是南昌市新建区，且三角联圩地势低洼，承担巨大的防洪压力，如图 3.2 所示。圩堤起于永修县城郊的观音岩，沿修河干流下游向东北下行，至圩角村，折向东南内，到蚕桑坊一大队，复折向西南，沿蚂蚁河而上，在破穴头村跨蚂蚁河南支，止于杨公脑，全长为 33.57km，保护面积为 56.28km²，保护耕地为 5.03 万亩，其中常住人口 2.34 万人，圩区内地形平坦，土地肥沃，为三角乡政府所在地，2005 年，三角乡全年实现粮食产量为 1.22 万 t，棉花产量为 0.32 万 t，工农业产值 1.72 亿元，在永修县的经济发展中占有举足轻重的地位[5]。

———— 三角联圩

图 3.2　三角联圩地理位置

3.2.1　水文条件

三角联圩地处鄱阳湖盆区，流域面积达 16.22 万 km²，雨量充沛，不仅受季节的影响，还受五河和长江的影响，湖区水位以单峰的形式出现占了 47%，双峰占了 53%。湖区水位变幅较大，导致湖面面积、容积、水深变化也较大，湖口水文站年最高水位 18m以上出现的频率为 34%，且有升高的趋势。加上长江江水时常发生倒灌，且年平均倒灌量为 30.2 亿 m³，其中 1991 年倒灌量高达 113.9 亿 m³。据统计[5]，2020 年全国降水量较多年平均降水量明显增多，长江流域的降水量高达 1282mm，较多年平均降水量增幅高达18%，梅雨时间持续 62d，期间累计降雨 759mm，11 次暴雨，其中江西省年降水量为1853.1mm，与 2019 年降水量相比，增多 8.4%，与多年平均降水量相比，增多 13.1%，其中主要降水时期为每年的 4—9 月，且暴雨历时一般为 4~5d，这是导致三角联圩发生溃决的主要原因之一。

3.2.2　建设过程

三角联圩始建于 1738 年，历经多次整治加固、并圩逐渐形成，由于原堤防工程项目设计不规范且施工技术落后，导致防洪标准较低，存在较多的遗留隐患，抗洪能力低[6]。据有关资料记载，1954 年 5 月中旬长江水位开始持续上涨，顶托倒灌，鄱阳湖区发生特大洪水，6 月 17 日三角联圩发生溃决。然后在 1954—1983 年的近 30 年内，三角联圩又曾先后两次因洪水漫顶、管涌而发生溃决，人员伤亡及财产损失惨重。1998 年长江、鄱阳湖发生特大洪水，三角联圩在桩号 15k＋000、24k＋000、28k＋500 处分别因管涌、漫顶而发生溃决，遭受了有史以来最为严重的洪涝灾害，汛期多处溃口导致损失惨重。据统计[7]，5.03 万亩耕地受淹严重，受灾人口高达 3.25 万人，直接经济损失达 5.93 亿元。

据 2005 年现场勘察，三角联圩各类险工险段多达 6 处，累计堤线长 30 多 km，存在的主要历史问题如下：①大多堤段的断面较为单薄且内外坡均较陡，汛期水流逐年冲刷，极易导致堤身渗透破坏，存在部分堤段填筑压实不均匀且高程不足，脱坡险情突出；②汛期堤基管涌渗透破坏明显，一方面是由于堤基多为二元结构，另一方面是堤内外部分天然铺盖层较薄或缺失，在持续超标准洪水的情况下，洪水易沿着软弱高渗夹层逐渐向堤内渗透，从缺失天然铺盖的堤段或顶破薄弱铺盖涌出，形成管涌和泡泉，带出堤基的粉细砂，进一步破坏了堤防的完整性；③堤系建筑物多且老化，常年以往又未经大规模的除险加固工程，存在巨大的安全隐患，加上其地理位置四面环水、地势低洼，每至汛期，堤内多涝，堤防险象环生，以至于防洪任务异常繁重，严重威胁着居民的生命财产安全。为了提高圩区的抗洪能力，减少洪水灾害，经国家发展改革委员会及水利部批准，三角联圩列为鄱阳湖二期第五个单项除险加固项目，对临近鄱阳湖风险较高的 21.6km 堤段进行了除险加固工程，对三角联圩的新建区大塘坪乡"98"洪水溃决堤段的险情进行了重点加固以及防渗处理，从以往的 6～8 年一遇的防洪标准提升至 20 年一遇[8]。

目前，圩堤堤顶高程为 22.22～24.70m，堤顶宽为 6m，内外坡坡比均为 1∶3。圩堤原有穿堤建筑物 41 座，根据各穿堤建筑物实际情况，结合圩堤防洪、灌溉、排涝的需要，在建自排闸 9 座，灌溉涵管 19 座。根据各穿堤建筑物实际情况，结合圩堤防洪、灌溉、排涝的需要，在第五个单项建设中对这 41 座穿堤建筑物采取接长、拆除合并或拆除重建等处理措施，共接长 1 座，拆除改建 21 座，新建 1 座，拆除合并 19 座，设计处理后共计有各类建筑物 23 座，圩堤现状防洪能力为 20 年一遇。

3.2.3 险情及处置措施

2020 年，江西省受赣西北持续大暴雨影响，鄱阳湖长时间超警戒水位，修河水位超过 1998 年并且继续上涨，三角联圩于 2020 年 7 月 12 日 19 时 40 分，在桩号 27k＋880～28k＋010 处溃决，溃口宽度达 20 余 m，如图 3.3 所示。圩内平均水位在 0.5h 内上涨 0.5 余 m，由于洪水冲刷，溃口迅速扩大，截至 7 月 13 日 10 时，三角联圩溃口宽度已经扩大到 200 余 m，溃堤洪水淹没了耕地面积 5.54 万亩，水产业面积 1.05 万亩，淹没 5100 余栋房屋，其中倒塌了 40 余栋，圩区内居民 23411 人全部被安全转移。于 7 月 14 日 14 时启动封堵作业，溃口经过 55h 的抢修后，于 7 月 16 日 21 时 43 分完成合龙，如图 3.3 所示。

导致三角联圩溃决主要有三个原因：①2020 年全国普遍性降雨量超往年，长江和鄱阳湖发生流域性超历史大洪水；②三角联圩为一封闭圩区，四面环水且地势低洼，导致防洪任务巨大；③三角联圩由九江市永修县三角乡、永丰垦殖场和南昌市新建区大塘坪乡三家共同管理，如图 3.4 所示，溃口位置处于三家中间，这部分堤段存在管理责任不清楚等问题。

经历超历史洪水后，永修县共投入 3.7 亿元，对全县 8 座重点圩堤实施水毁修复及薄

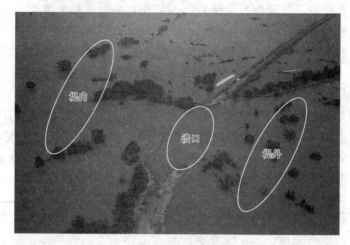

图 3.3　2020 年三角联圩溃决航拍图

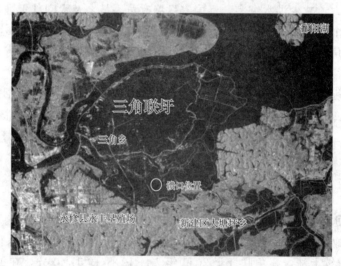

图 3.4　三角联圩溃口地理位置

弱环节建设。其中，三角联圩投入约 1.4 亿元，实施堤基、堤身除险加固，堤顶防汛道路改造提升等工程。其中险情发生时，具体应急处置措施如下：

（1）对责任堤段内已处理和未处理好以及新发现的险工险段都要进行巡查，专人专守。对涵闸附近和泡泉、渗漏易发地段进行重点巡查，主要巡查圩堤是否存在管涌（泡泉）、跌窝、渗水、裂缝、风浪淘刷、脱坡、崩塌、漏洞等险情；对于涵闸等建筑物，主要查看有无移位、变形、断裂、基础及管身两侧是否渗漏。

（2）在水位超警戒水位 0.5m 时，每 3h 巡查一次；在水位超警戒水位 1m 时，每 2h 巡查一次；重大险情点必须有专人 24h 值守。巡查人员发现险情后，立即报告直接责任人及行政责任人，同时直接责任人应向应急抢险临时指挥部报告险情；应急抢险临时指挥部接到险情报告后，第一时间向下游预警，并制定险情处置方案，迅速组织抢险工作并安排专人值守。若险情将威胁工程安全，应立即向上级防汛指挥机构报告，请求支援，并做好下游危险区人员转移安置准备。

（3）当出现紧急险情状态时，由防汛领导小组通知应急小组成员做好抢险工作；应用不同险情的警报方式（烟火、敲锣、敲钟、广播等）并告示到各户；当遇到紧急状态时，需明确群众转移范围和转移路线，确保转移到安置区域，并防止群众偷返，保障转移工作的安全有序进行。

3.3 康山蓄滞洪区

康山蓄滞洪区是鄱阳湖区四大分洪区之一，也是江西省境内最大的蓄滞洪区，1985年被国务院批准列为国家蓄滞洪区，有效蓄洪量为16.58亿 m^3，担负着15.66亿 m^3 长江超额洪水的分蓄洪任务[3,9]。康山蓄滞洪区位于鄱阳湖东岸，上饶市余干县城西北部，是赣江分支，抚河、信江汇流口的尾部，其北部以康山大堤为边界，位于鄱阳湖南面，西边是康山垦殖场，东边是古竹镇，南边以瑞洪镇为边界。地形主要为湖积平原，南高北低，蓄滞洪区内河湖交错密布，高程为14.00～16.00m。南部为低岗丘陵地貌，高程为13.00～23.00m，由于蓄滞洪区经济发展导致生产堤出现，高程在18.00m左右。分洪口位于康山大堤18k+120～18k+500桩号处，宽度为380m。总集雨面积为450.31km²，蓄洪面积为312.37km²，设计蓄洪水位为20.69m，设计进洪流量为9630m³/s，其中蓄滞洪区高程、面积和容积关系见表3.5[4]。

表 3.5　　　　　　　　蓄滞洪区内高程、面积和容积关系

高程/m	15.00	16.00	17.00	18.00	19.00	20.00	20.68	21.00
面积/km²	260.00	277.88	289.83	294.83	300.50	307.46	312.37	314.68
总容积/亿 m³	—	2.69	5.53	8.45	11.43	14.47	16.58	17.58

康山蓄滞洪区内有石口镇、三塘乡、大塘乡、瑞洪镇、康垦总场、康山乡等6个乡镇场和1个现代农业示范区，常住人口2万余户、10余万人，耕地面积为117.21km²，养殖水面为139.01km²。经统计[2]，康山大堤保护面积为343.4km²，保护耕地为94.2km²，保护人口22560户、103437人，蓄洪水位以下安全转移36801人，占总人口的33.7%，人口较为集中在南面丘陵岗地。蓄滞洪区居民财产登记情况有：承包土地262.49km²，农作物117.21km²，水产类139.01km²，经济林6.27km²；专业养殖家畜类11919头，家禽类198384只；住房19432间，合计843353m²；农业机械7244台，役畜类1395头，居民主要耐用消费品17250台。

根据《关于长江洪水调度方案的批复》（国汛〔2011〕22号）[10]，江西省鄱阳湖蓄滞洪区分洪运用条件为：当湖口水位达到20.59m（吴淞高程22.50m），并预报继续上涨且危及长江重点堤防安全时启用。分洪与决口带来的后果是不同的，分洪是主动进水，可以有计划地安全撤离群众和转移财产，灾情会降到最低；决口是被动进洪，决口位置、时间、范围都不可预测，带来的损失也会非常惨重。因此，在做出分洪启用之前，防洪抢险是必须的。按照康山大堤的防洪预案，整个康山蓄滞洪区内共设有锣鼓山、西安全区等2处安全区，同时在每个乡镇高地处设置一个安全楼，安全区有生产转移道路7条。然而，

现有的防汛无线警报网和信息反馈通信网无法满足蓄滞洪区频繁通信联络的要求，设计蓄滞洪水位以下需要安全转移居民共 6966 户、30070 人。此外，安全建设相对滞后，如撤退道路标准低，年久失修，加上堤防施工大型载重车的碾压，道路损毁较为严重；安全区防洪排涝及安全设施存在管理、运行费用无法落实等问题，给运行管理留下了安全隐患；安全楼由于建成时间较早，内、外墙老化严重，无配套设施。

3.4 珠湖蓄滞洪区

珠湖联圩建于 1967 年，是鄱阳湖区的重点堤防之一，位于江西省余干县、鄱阳县西北部，鄱阳湖东岸，临近饶河出口，全长为 18.87km。堤顶标高为 22.65m，堤顶宽为 7m，堤防迎水坡坡度为 1∶2.5～1∶3.2，背水坡坡度为 1∶2.2～1∶3.3[11-13]。圩堤现有穿堤建筑物 11 座，其中电排站 2 座，自动排水涵洞 8 座，其余为小型涵闸。经过鄱阳湖区防洪工程一期、二期的建设，虽然圩堤防洪能力有显著的提高，但是由于圩堤还存在隐患，原加固措施不彻底，水流条件发生变化，已建工程老化和自筹资金不到位等原因，圩堤仍然存在部分堤段堤身断面不满足设计要求。目前，珠湖联圩防洪能力为 20 年一遇[11]。

珠湖蓄滞洪区西北部以珠湖联圩与鄱阳湖分隔，北至珠湖镇，西接饶河出口，东邻四十里街，南至团林，地理坐标为东经 116°36′13″～116°46′47″、北纬 29°03′17″～29°12′37″。全区集雨面积为 256km²，其中蓄洪面积为 128.52km²（该蓄洪面积对应的水位为 20.83m）。珠湖蓄滞洪区西北与鄱阳白沙洲县级自然保护区相邻近，自然保护区处于珠湖大堤 10k+500～15k+560 段外侧，其外围边界距珠湖联圩最近直线距离约 230m。珠湖蓄滞洪区距离南矶湿地国家级自然保护区直线距离约 15km。珠湖蓄滞洪区的珠湖处于东鄱阳国家级湿地公园范围内，珠湖分洪口也位于东鄱阳国家级湿地公园范围内，东鄱阳湖国家级湿地公园规划有鄱阳湖文化水城、汉池湖水禽栖息地保护与保育区、角丰圩湿地恢复与重建区、珠湖水源湿地保护保育区、白沙洲自然湿地展示区、青山湖人工湿地利用示范区、东城城市湿地休闲区和管理服务区 7 个功能区。从湿地公园空间格局上看，白沙洲自然湿地展示区与鄱阳白沙洲县级自然保护区有着较大范围的重叠；珠湖水源湿地保护保育区与珠湖蓄滞洪区有较大范围的重叠，珠湖蓄滞洪区范围内的内珠湖和外珠湖就是该湿地公园规划的珠湖水源湿地保护保育区，其他 5 个功能区与珠湖蓄滞洪区无重叠关系。

珠湖蓄滞洪区内主要包括内珠湖、外珠湖、大磊湖和利池湖（其中大磊湖和利池湖基本已改造为农田，这也是蓄滞洪区内蓄洪量逐年减小的原因之一）。当珠湖内、外水位差为 16m 时，其水面面积为 98.3km²，占全区总面积的 37%。蓄滞洪区内湖汊众多，水草丰盛，土质肥沃，主要由低矮丘陵和湖泊平原组成，区内水面宽阔，山丘众多，属典型的湖滨丘陵地貌。区内地下水主要为孔隙潜水。湖冲积层下部砂类土为主要透水层，其透水性能良好；上部黏性土层，其透水性能微弱，为相对隔水层。地下水主要受大气降水及河湖水侧向渗入补给，平枯水期多排泄于地表洼地及河湖之中，汛期湖水渗入补给地下水，地下水头超过黏性土层底板，具有一定的承压性质，地表水与孔隙潜水的水力联系密切。环湖丘陵高程一般为 30～40m，最高的双港镇境内笔架山达 189.1m。区内共有双港镇、团林乡、四十里街镇、高家岭镇、珠湖乡和白沙洲乡等 6 个乡、镇和 62 个行政村，居住人口 21105 户、100249 人，耕地面积为 5573hm²，专业养殖类包括家畜类 1.55 万头，家禽类 14.26 万只；渔业类占 1413hm²，居民住房 9.60 万间，房屋面积 377 万 m²，还有农业生产机械 9575 台，家庭主要需要消费品 50937 台。珠湖蓄滞洪区作为鄱阳湖区四大分洪区之一，承担长江超额洪水 5.64 亿 m³ 的分洪任务[11-14]。

珠湖蓄滞洪区一旦启用，区内耕地、道路、房屋以及生活垃圾等都将会被淹没。区内没有大型工业企业分布，仅有零星的小型加工厂，区内主要污染物是农业面源污染和生活污染源，分洪会导致大量面源污染物进入水体，区内水质变差，群众将被集中转移至安全区，区内洪水退水后，对保护区水质有一定影响。珠湖蓄滞洪区所在的鄱阳湖区域属亚热带湿润季风型气候，热量丰富，雨量充沛，无霜期长，四季分明，良好的水热条件保障了区内植被具有良好的自然恢复能力，鄱阳湖区水生植被在强度干扰（"98"洪水）后几年内就恢复到了干扰前的水平。

3.5 本章小结

本章介绍了本书依托工程康山大堤、三角联圩与康山和珠湖蓄滞洪区的地理、水文、地质和社会经济，分析了康山大堤堤身和堤基情况，指出了标准断面未达标、堤身和堤基渗漏情况；分析了康山蓄滞洪区内的高程、面积和容积关系，统计了康山蓄滞洪区和珠湖蓄滞洪区内经济情况、人口情况、耕地面积和养殖等情况，可为溃堤洪水演进数值模拟及风险评估与管理提供重要的基础数据来源。同时，介绍了康山大堤及其蓄滞洪区遭遇 2020 年汛期洪水的防洪度汛情况。

本 章 参 考 文 献

［1］ 王海菁. 康山蓄滞洪区避洪转移安置研究［D］. 南昌：南昌大学，2015.

［2］ 江西省水利规划设计院. 江西省鄱阳湖蓄滞洪区安全建设工程可行性研究报告［R］. 江西省水利厅，2014.

［3］ 王小笑，雷声，傅群. 基于 GIS 反演技术的鄱阳湖蓄滞洪区洪水风险图绘制研究［J］. 中国农村水利水电，2014（5）：170-175.

［4］ 胡松涛，孙军红. 康山蓄滞洪区洪水风险图研制分析［J］. 江西水利科技，2011，37（3）：195-198.

［5］ 纪伟涛. 鄱阳湖：地形·水文·植被［M］. 北京：科学出版社，2017.

［6］ 蔡木良，支欢乐，蒋水华，等. 基于溃堤洪水演进数值模拟的避险转移模型研究［C］. 水力学与水利信息学进展 2022，2022：513-520.

［7］ 詹美礼，王春红，盛金昌，等. 江西修河三角圩某堤段高水位条件下堤坡稳定性分析［J］. 水电能源科学，2013，31（11）：144-147，162.

［8］ 胡健苟. "一统两分"建设管理体制在永修县的实践［J］. 江西水利科技，2012，38（4）：267-269.

［9］ JIANG S H, HUANG Z F, HUANG J. Dike - break induced flood simulation and consequences assessment in flood detention basin [C]. Dam Breach Modelling and Risk Disposal，2020：295 – 310.

[10] 长江防汛总指挥部. 长江洪水调度方案 [R]. 中华人民共和国水利部，2011.

[11] 张秀平，柳杨，许小华，等. 珠湖蓄滞洪区运用对鄱阳湖湿地公园项目的影响 [J]. 人民长江，2018，49（10）：21 – 25.

[12] 吴海真，支欢乐，陈李蓉，等. 珠湖蓄滞洪区溃堤洪水模拟及损失评估 [J]. 江西水利科技，2021，47（3）：177 – 183.

[13] JIANG S H，ZHI H L，WANG Z Z，et al. Enhancing flood risk assessment and mitigation through numerical modelling：a case study [J]. Natural Hazards Review，2023，24（1）：04022046.

[14] 中华人民共和国水利部. 中国水资源公报 [M]. 北京：中国水利水电出版社，2020.

第4章　含多破坏模式的堤防工程失事概率计算

在汛期高洪水位作用下堤防工程可能存在多种破坏模式，包括水文失事、渗透破坏和堤坡失稳等。另外由于堤防工程中存在大量的不确定性因素，包括固有的物理不确定性、模型不确定性和统计不确定性等，传统的确定性分析方法不能有效考虑这些不确定性因素的影响，相比之下基于概率统计的可靠度分析方法可以有效计算含多破坏模式的堤防工程失事概率。本章首先统计分析堤防工程存在的各种不确定性因素及相关参数变异系数的取值范围，并针对不同破坏模式给出相应的失事概率计算公式。最后应用于某二元结构堤防工程和鄱阳湖区康山大堤中，研究成果可为后续堤防工程风险评估与管理提供重要的数据支撑。

4.1　堤防工程不确定性分析

影响堤防工程溃决失事的不确定因素众多，包括堤防工程材料参数不确定性、几何参数不确定性和荷载效应不确定性等。关于这三种不确定性因素及相关参数的变异系数的变化范围说明如下。

4.1.1　材料参数不确定性分析

堤身/堤基材料参数不确定性是现阶段堤防工程系统失事概率分析研究的重点[1-2]，宋轩等[3] 指出如果忽略材料参数不确定性会高估堤防工程安全性。Lumb[4] 提出了土体材料参数不确定性主要来源于材料自身空间变异性和室内外试验误差。李少龙和崔皓东[5] 研究得出堤身/堤基材料渗透系数空间变异性对渗流场有较大影响，随渗透系数和临界比降变异性增大，容易造成局部渗流集中，堤基渗透失稳概率增大。此外，在堤身材料参数试验过程中试验条件与实际情况不一致会导致参数设计值和实际值存在差别，引发材料参数不确定性。材料性能基本变量主要包括土体强度指标、抵抗渗透破坏的水力参数、抵抗坡面侵蚀的强度、颗粒级配、孔隙率和容重等。然而，目前堤防工程系统失事概率分析主要考虑重度 γ、黏聚力 c、内摩擦角 φ 和渗透系数 k 不确定性的影响。本节系统统计了堤身材料参数变异系数的取值范围，见表 4.1。一般来说，材料参数不确定性越大，土层分布越不均匀，堤防工程发生失事破坏的概率越大。此外，堤身/堤基材料渗透系数变异性越大，渗透坡降空间分布越不均匀，引发局部渗流集中的可能性也越大。

4.1.2　几何参数不确定性分析

目前，关于堤防工程结构几何参数不确定性研究相对较少，大多将其视作确定值。一方面，由于几何参数容易被量测，方便进行多次精确测量，有效降低了结构断面几何尺寸参数的不确定性；另一方面，由于一旦考虑了几何参数（包括堤身截面尺寸、堤基土层厚度等）不确定性的影响，堤防工程系统失事概率计算将变得十分复杂。根据文献［1］，对于新建的堤防或小型堤防工程，一般来说其几何参数变异系数不宜取得过小；对于大型堤防工程，其几何参数不确定性相对较小，其变异系数一般为 0.05～0.10，但是在地基沉降及雨水侵蚀等作用下，其变异系数也可增大至 0.10～0.20。例如，堤高可视作一个客观存在的数值，容易被精确量测，只要进行多次测量，其不确定性便可大幅度削减。根据文献 [1]，对于堤高超过 30m 的堤防工程，堤高变异系数一般为 0.01；对于低于 30m 的堤防工程，堤高变异系数建议取 0.02。当然，为了能够更准确地表征堤防工程结构几何参数不确定性，需要尽可能在获取几何参数实际量测数据的基础上进行统计分析，确定其变异系数取值范围。

表 4.1　　　　　　　　　　　堤身/堤基材料参数变异系数统计

材料参数	变异系数 COV	来　源
γ （重度）	5%～10%	Lanzafame 和 Sitar[6]
	<10% （粉质黏土）	Uzielli 等[7]
	3%～7%	Duncan[8]
	3%～13%	Srivastava 等[9]
	2%～8%	Yoshinami 等[10]
	10%	Lanzafame 等[11]
c （黏聚力）	10%～30%	Lanzafame 和 Sitar[6]
	33%～68%	Uzielli 等[7]
	10%～70%	Cherubini[12]
	3%～80%	Srivastava 等[9]
	30.2%素填土，44.6%黏土，32.2%粉砂土，34.9%粉质黏土，27.3%黄黏土	邢万波[13]
	17%壤土，20%砂壤土，25%黏土	丁丽[14]
	20%～40%	Yoshinami 等[10]
	69.8%黏土	Metya 等[15]
	30%	Lanzafame 等[11]
	30%黏壤土，粉黏土，粉细砂	Ni 和 Wang[16]
φ （内摩擦角）	5%	Lanzafame 和 Sitar[6]
	5%～15%砂质黏土	Uzielli 等[7]
	10%～50%黏土，5%～25%粉土，5%～15%砂土	Cherubini[12]
	7%～20%	Srivastava 等[9]
	30.2%素填土，44.6%黏土，32.2%粉砂土，34.9%粉质黏土，27.3%黄黏土	邢万波[13]
	16%壤土，12%砂壤土，15%黏土	丁丽[14]
	10%～20%	Yoshinami 等[10]
	25%黏土	Metya 和 Bhattacharya[15]
	5%	Lanzafame 等[11]
	30%黏壤土，粉黏土，粉细砂	Ni 和 Wang[16]

材料参数	变异系数 COV	来源
k（渗透系数）	200%	Lanzafame 和 Sitar[6]
	68%~90%饱和黏土	Uzielli 等[7]
	60%~90%	Srivastava 等[9]
	10%~14%壤土，30%粉细砂，22%~27%粉质黏土，10%砂壤土，20%中粗砂	王亚军等[17]
	7.5%壤土，8.4%砂壤土，3.9%黏土	高昂和苏怀智[18]
	30%黏壤土，粉黏土，粉细砂	Ni 和 Wang[16]

4.1.3 荷载效应不确定性分析

堤防工程荷载效应，包括水位、地震动、波浪爬高和风壅高度，不容易被精确测量，也存在一定的不确定性。一些学者前期也针对荷载效应不确定性开展了一些有益的研究工作。如高延红和张俊芝[1] 认为堤防或土石坝的波浪爬高服从正态分布，变异系数取0.69，风壅高度服从对数正态分布；洪水位服从正态分布，变异系数为0.02~0.26。邢万波[13] 则认为波浪爬高服从瑞利分布，变异系数取0.52272；风壅高度服从极值Ⅰ型分布，变异系数建议取0.1；洪水位服从正态分布，变异系数取0.015。金双彦[19] 认为波浪爬高和风壅高度均服从正态分布，并且其变异系数值取0.69。高延红[20] 利用线性无偏估计，认为年最高洪水位服从正态分布，变异系数取0.089。此外，洪汉平[21] 认为地震荷载效应可表示为峰值地面加速度到荷载效应转换参数与各随机变量的乘积，则地震效应的不确定性来源于转换参数和各随机变量的不确定性，变异系数可取0.6，各随机变量不确定性因素主要是峰值地面加速度，认为服从对数分布，变异系数取1.33。孔宇阳和李珊[22] 认为地震荷载的不确定性是由地震加速度系数和放大系数决定的，认为水平和竖向地震加速度系数以及放大系数都服从正态分布，变异系数取值范围为0.1~0.4。对于既有堤防工程，如果有相关的荷载监测数据，则可对监测数据进行统计分析，来确定合理的荷载效应概率模型及变异系数取值范围。

4.2 堤防工程失事概率计算

4.2.1 水文失事模式及概率计算

堤防水文失事概率是指堤防由于水文因素（水位、波浪等）不确定性而引发的。根据水文失事破坏调查资料可知，水文失事主要是由于出现超标准洪水引起的，可分为洪水漫溢破坏和洪水漫顶破坏。洪水漫溢主要是指洪水位直接超过堤顶从而造成堤防失事，如图4.1（a）所示，而洪水漫顶时洪水位没有超过堤顶，是由于风和浪荷载作用造成的波浪爬高，最终越过堤顶引起的堤防失事，如图4.1（b）所示。

根据洪水漫溢破坏定义，洪水漫溢失事模式对应的极限状态函数可表示为

$$G_1(h) = h_0 - h \tag{4.1}$$

式中：h_0 为堤顶高程，m；h 为防洪堤临水面的洪水位，m。根据洪水漫顶破坏定义，洪水漫顶失事模式对应的极限状态函数可表示为

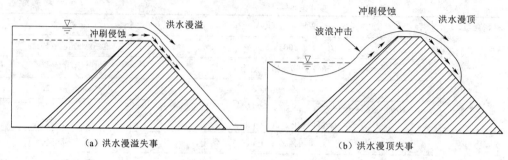

（a）洪水漫溢失事   （b）洪水漫顶失事

图 4.1　堤防工程水文失事

$$G_2(h,R_p,e)=h_0-(h+R_p+e) \tag{4.2}$$

式中：R_p 为波浪爬高，m；e 为风壅高度，m。一般认为，洪水漫溢事件一旦发生便会造成堤防溃决失事，即洪水漫溢概率对堤防水文失事概率的贡献权重为 $1.0^{[23-24]}$。相比之下，洪水漫顶概率不直接等同于洪水漫顶失事概率，需要引入一个贡献权重函数 $z(h)$ 来近似表示它们之间的关系。通常假定 $z(h)$ 为指数函数[23]，即 $z(h)=e^{h-h_0}$，$0<h\leqslant h_0$。由此可得水文失事概率的计算表达式为

$$P_{水文}=P_{漫溢}+P_{漫顶}=P[G_1(h)<0]+z(h)P[G_2(h,R_p,e)<0] \tag{4.3}$$

式中：$P_{漫顶}$ 和 $P_{漫溢}$ 分别为洪水漫顶失事概率和漫溢失事概率。

为计算式（4.2）中的参数 R_p 和 e，需要先计算出波高的均值、平均波周期和波长的均值，按照《堤防工程设计规范》[25]（GB 50286—2013），风浪各要素计算表达式为

$$\frac{g\overline{H}}{V^2}=0.13\text{th}\left[0.7\left(\frac{gd}{V^2}\right)^{0.7}\right]\text{th}\left\{\frac{0.0018\left(\frac{gF}{V^2}\right)^{0.45}}{0.13\text{th}\left[0.7\left(\frac{gd}{V^2}\right)^{0.7}\right]}\right\} \tag{4.4}$$

$$L=\frac{g\overline{T}}{2\pi}\text{th}\frac{2\pi d}{L} \tag{4.5}$$

$$\frac{g\overline{T}}{V}=13.9\left(\frac{g\overline{H}}{V^2}\right)^{0.5} \tag{4.6}$$

式中：$\overline{H}$ 为平均波高，m；$\overline{T}$ 为平均波周期，s；L 为波长，m；V 为计算风速，m/s；F 为风区长度，m；d 为水域的平均水深，m；g 为重力加速度，一般取 9.81m/s^2。进而可计算波浪爬高 R_p 的均值为

$$R_p=\frac{K_\Delta K_V K_p}{\sqrt{1+m^2}}\sqrt{\overline{H}\ \overline{L}} \tag{4.7}$$

式中：R_p 为相对应累计频率的波浪爬高；K_Δ 为斜率的糙率及渗透性系数；K_V 为经验系数；K_p 为爬高累计频率换算系数；$\overline{H}$ 为平均波高，m；$\overline{L}$ 为波长，m；m 为斜坡坡率。可以计算风壅高度 e 的均值为

$$e=\frac{KV^2F}{2gd}\cos\beta \tag{4.8}$$

式中：e 为计算点的风壅高度，m；K 为综合摩阻系数，一般取 3.6×10^{-6}；β 为风向与堤轴线法线的夹角，为安全计，一般取 $\beta = 0$。

综上，堤防工程水文失事概率计算流程如图 4.2 所示。

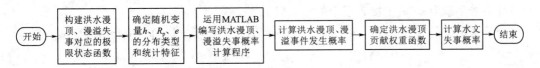

图 4.2　堤防工程水文失事概率计算流程

4.2.2　渗透破坏模式及概率计算

在汛期高洪水位作用下，堤防险情大多是由渗流而导致的。据长江中下游 1998 年的洪水险情统计，渗透破坏险情占总险情的 80% 以上。2020 年 7 月 9 日，鄱阳县中洲圩外河古县渡水位高达 23.43m，超出 1998 年最高水位 0.25m，由于长时间浸泡，加上堤身土质差，抗渗能力弱，中洲圩被集中渗漏的穿孔水带走大量堤身泥土，最终发生渗透破坏，堤防于当日溃决。渗透破坏是指堤身及其地基由于渗流而出现的变形或破坏，包括堤身和堤基渗透变形破坏。堤身渗透破坏主要是由于渗水造成的堤坡冲刷、漏洞和集中渗流造成的接触冲刷；堤基渗流破坏常表现为泡泉、砂沸、土层隆起、浮动、膨胀和断裂等，通常也统称为管涌。下面介绍两种常用的堤防工程渗透破坏概率计算方法。

1. 基于渗径长度的渗透破坏概率计算方法

对于堤防工程系统来说，渗透破坏影响因素众多，极限状态函数可表示为

$$G_3(C, M, L_k', \Delta H) = R(C, M, L_k') - S(\Delta H) \tag{4.9}$$

式中：ΔH 为贯穿结构的渗流水头，即堤防临水面与背水面的水头差；C 为与土体特性有关的参数，可取其均值为 2.5，变异系数为 0.3[1]；M 为反映计算模型不确定性的参数，可取 M 的均值为 1.0，变异系数为 0.1；L_k' 为有效渗径长度，如图 4.3 所示，根据已经发生管涌及流土破坏的堆石坝和水闸等资料统计，最小渗径长度为 $L_k' = C\Delta H$。

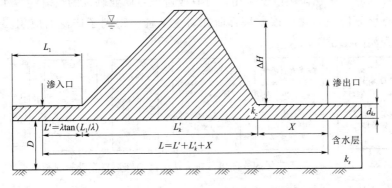

图 4.3　堤防抵抗渗透变形破坏抗力计算

有效渗径长度 L_k' 的确定与入渗的起点有关，一般是将入渗点确定在堤趾处。如果堤前存在不透水层，则其入渗点到堤趾点存在一定的距离，该距离的计算公式为

$$L' = \lambda \tan(L_1/\lambda) \tag{4.10}$$

式中：λ 为消散长度，计算公式为

$$\lambda = \sqrt{k_s D C_C} \tag{4.11}$$

式中：k_s 为堤基渗透土层的渗透系数；D 为承水层的厚度；$C_C = d_{ks}/k_c$ 为在厚度为 d_{ks} 和堤身渗透系数为 k_c 的上覆盖层上的渗透阻力。

一旦获得堤防有效渗径长度 L'_k，对于现有的渗径长度，抗力效应计算表达式为

$$R = M L'_k / C = M[(L' + L_k + X)/3 + d_{ks}]/C \tag{4.12}$$

此外，作用效应可定义为 $S = \Delta H$。当 $S > R$，则发生渗透破坏；反之则不会发生渗透破坏。假设上式中的所有变量均服从正态分布，则堤防工程渗透破坏概率为

$$P = \Phi\left(-\frac{\mu_R - \mu_S}{\sqrt{\sigma_R^2 + \sigma_S^2}}\right) \tag{4.13}$$

式中：$\Phi(\cdot)$ 为标准正态随机变量累积分布函数；μ_R 为作用抗力 R 的均值；σ_R 为作用抗力 R 的标准差；μ_S 和 σ_S 分别为作用效应 S 的均值和标准差。

2. 基于非侵入式随机分析的渗透破坏概率计算方法

为了估计堤防工程渗透破坏概率，一般将实际水力坡降与对应工况下临界水力坡降进行比较来判断堤防是否发生渗透破坏，据此建立以堤身材料渗透系数为随机变量的极限状态函数为

$$G_4(k) = [J] - J(k) \tag{4.14}$$

式中：$[J]$ 为临界坡降，对于堤防下游段，$[J]$ 表示引起下游流土的临界水力坡降；J 为与渗透系数 k 相关的最大水力坡降计算值。进而可得渗透破坏概率计算表达式为 $P_{渗透} = P[G_4(k) < 0]$。

此外借助非侵入式随机分析方法计算渗透破坏概率，非侵入式随机分析方法[26-27] 是一种可靠度计算方法，较好克服了传统侵入式分析方法编程复杂、计算效率低的不足，将通用商业软件和源代码视作黑匣子调用，可有效避免对商业软件的重复性操作，实现确定性分析和可靠度分析一体化，该方法目前在岩土工程中得到了广泛的应用。计算步骤如下，计算流程如图 4.4 所示。

图 4.4 基于非侵入式随机分析方法的渗透破坏概率计算流程

（1）以参数均值在 SEEP/W 模块中建立堤防工程渗流有限元分析模型、划分有限元网格、定义边界条件，将渗透有限元分析模型存为名为"seep. xml"的计算源文件，并提取每个有限元单元中心点或高斯点坐标，根据堤身材料渗透系数 k 的统计特征生成 n 个新的渗透稳定性有限元分析的"seep. xml"计算文件。

（2）利用 MATLAB 调用 seep2. exe 程序对 n 个新的"seep. xml"计算文件进行批量

求解，计算完成之后在当前文件夹中会分别自动生成一个相应的"gauss.csv"计算结果文件，从中提取最大水力坡降等信息。

（3）确定堤防下游临界水力坡降，并根据提取的 n 个最大水力坡降值利用式（4.14）估算堤防工程渗透破坏概率。

需要说明的是，为降低堤防在汛期高洪水位作用下的渗透破坏概率，可采用遵循"前堵后排，保护渗流出口"对堤防添设铺盖、防渗墙或滤层等防渗措施。

4.2.3　堤坡失稳破坏模式及概率计算

1. 基于非侵入式随机分析的破坏概率计算方法

堤坡失稳也是堤防工程中常见的一种失事方式，一旦发生堤坡失稳，后果极其严重，可分为临水面岸坡失稳和背水面岸坡失稳，如图 4.5 所示。由于临水面岸坡受洪水自重的作用，临水面岸坡失事风险反而不如背水面风险高，其失事风险也和临堤洪水位以及堤身材料有着密切的联系。

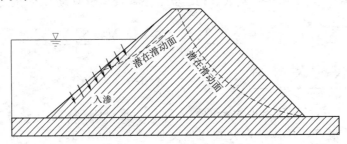

图 4.5　堤坡失稳破坏模式

同样，堤坡失稳模式对应的极限状态函数没有显式表达式，不能直接计算堤坡失稳破坏概率，也可采用非侵入式随机分析方法进行计算。在堤防渗流分析获得堤身孔隙水压力分布的基础上，采用简化毕肖普法或有限元法计算堤坡安全系数，以渗透系数 k、黏聚力 c 和内摩擦角 φ 作为随机变量，可建立堤坡失稳对应的极限状态函数为

$$G_5(k,c,\varphi)=FS(k,c,\varphi)-1.0 \tag{4.15}$$

进而可以计算堤坡失稳概率为 $P_{失稳}=P[G_5(k,c,\varphi)<0]$。以 SLOPE/W 模块为例的堤坡失稳破坏概率计算步骤如下，相应的计算流程如图 4.6 所示。

（1）以参数均值在 SLOPE/W 模块中建立堤坡稳定性分析模型、定义边界条件，将堤坡稳定性分析模型存为名为"slope.xml"的计算源文件。

（2）在独立标准正态空间中进行 n 次蒙特卡洛（MCS）抽样，根据堤身材料黏聚力、内摩擦力和重度的统计特征，通过等概率 Nataf 变换或参数随机场模拟方法[27] 得到原始空间 n 组输入变量样本值 Y，将样本值 Y 分别代替"slope.xml"计算源文件相应单元中心点或者高斯点上的参数均值，生成 n 个新的堤坡稳定性有限元分析的"slope.xml"计算文件。

（3）利用 MATLAB 在 DOS 内核平台下调用 slope2.exe 程序对 n 个新的"slope.xml"计算文件进行批量求解，计算完成之后在当前文件夹中会自动生成一个相应的"slope.frc01"计算结果文件，从中提取安全系数等信息。

（4）确定堤防安全系数，并根据提取的 n 个安全系数值利用式（4.15）计算堤坡失稳破坏概率。

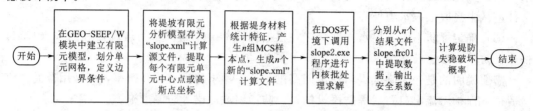

图 4.6　基于非侵入式随机分析方法的堤坡失稳破坏概率计算流程

2. 基于代理模型的破坏概率计算方法

通常采用 MCS 方法进行堤坡失稳破坏概率计算，然而对于低概率水平问题，需要进行大量的堤坡确定性分析，计算量很大。此时，可采用随机多项式展开、克里金、机器学习和深度学习模型替代堤防边坡安全系数 FS 与材料特性参数之间的非线性隐式函数关系。其中基于 Hermite 随机多项式展开构建安全系数代理模型为

$$FS(\xi) = a_0 \Gamma_0 + \sum_{i_1=1}^{n} a_{i_1} \Gamma_1(\xi_{i_1}) + \sum_{i_1=1}^{n}\sum_{i_2=1}^{i_1} a_{i_1 i_2} \Gamma_2(\xi_{i_1}, \xi_{i_2}) + \sum_{i_1=1}^{n}\sum_{i_2=1}^{i_1}\sum_{i_3=1}^{i_2} a_{i_1 i_2 i_3} \Gamma_3(\xi_{i_1}, \xi_{i_2}, \xi_{i_3})$$
$$+ \cdots + \sum_{i_1=1}^{n}\sum_{i_2=1}^{i_1}\sum_{i_3=1}^{i_2}\cdots\sum_{i_n=1}^{i_{n-1}} a_{i_1 i_2 \cdots i_n} \Gamma_p(\xi_{i_1}, \xi_{i_2}, \cdots, \xi_{i_n}) \tag{4.16}$$

式中：$\xi = (\xi_1, \xi_2, \cdots, \xi_n)^{\mathrm{T}}$ 为维度为 n 的输入随机向量；$\Gamma_p(\xi_{i_1}, \xi_{i_2}, \cdots, \xi_{i_n})$ 为 p 阶 Hermite 随机多项式展开，具体计算公式详见文献 [28-30]；a_0、a_{i_1}、$a_{i_1 i_2}$、$a_{i_1 i_2 i_3}$、$\cdots$、$a_{i_1 i_2 \cdots i_n}$ 为随机多项式展开系数，待定系数的数目为

$$N = \frac{(n+p)!}{n! \, p!} \tag{4.17}$$

然后对输入参数进行随机抽样，代入堤防边坡确定性分析模型计算边坡安全系数，接着通过式（4.16）建立线性代数方程组求解多项式展开待定系数。

一旦通过式（4.16）建立了堤坡安全系数代理模型，便可构建堤坡稳定可靠度分析的极限状态函数为

$$G_6(\xi) = FS(\xi) - 1.0 \tag{4.18}$$

$$p_{失稳} = \frac{1}{N_{\mathrm{MCS}}} \sum_{i=1}^{N_{\mathrm{MCS}}} I[FS(\xi^i) < 1.0] \tag{4.19}$$

式中：N_{MCS} 为 MCS 抽样次数；$I(\cdot)$ 为失效区域的指示性函数；ξ^i 为第 i 组独立标准正态随机输入样本。在此基础上，使用代理模型计算堤坡失稳概率见式（4.19）。值得注意的是，此时 MCS 计算只需基于式（4.16）显式数学表达式计算边坡安全系数，不再需要重复进行确定性堤坡稳定性分析，因而可大大提高计算效率。图 4.7 给出了堤坡失稳概率计算流程。

图 4.7　堤坡失稳破坏概率计算流程

4.3 某二元结构堤防工程应用

以图 4.8 某二元结构堤防工程为例[31]，该堤防高 10m，堤顶宽 4m，上游坡比 1∶3，下游坡比 2∶5，堤基厚度 8m，上游水深 H 为 8m，下游水深 h 为 1m，堤身材料重度为 15.4kN/m³，堤基材料重度为 15.5kN/m³。堤身和堤基材料的饱和与残余含水率均分别为 0.43 和 0.045。该模型考虑了非饱和水力模型参数（a 和 n）以及堤防材料参数（饱和渗透系数 k_s、黏聚力 c 和内摩擦角 φ）的变异性，进行堤防渗流及堤坡稳定可靠度分析。

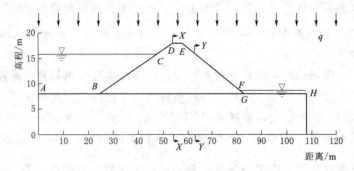

图 4.8 二元结构堤防几何模型及边界条件

首先，在 SEEP/W 模块建立堤防非饱和渗流有限元模型，以模拟在雨季来临前常年平均降雨条件下的稳定渗流问题，降雨强度 q 取 1.0×10^{-7} m/s（即 0.36mm/h，小雨）。模型边界条件为表面 $CDEF$ 为降雨边界，ABC 为上游定水头边界，总水头为 16m，FGH 为下游定水头边界，总水头为 9m。在 SEEP/W 模块中建立非饱和渗流有限元模型来分析降雨作用下该堤防工程的渗流问题。模型共离散为 4999 个节点和 4786 个边长尺寸为 0.5m 的四边形及三角形混合有限元单元。堤身内只发生稳态渗流，模型边界条件设定如下：

（1）水位线以上的边界（C-D-E-F）设置为渗流量为零的潜在渗流面。

（2）A-B-C 设为上游定水头边界，总水头为 16m，F-G-H 设为下游定水头边界，总水头为 9m。

（3）在坝体表面（C-D-E-F）施加一恒定的降雨强度 1.0×10^{-7} m/s（即 0.36mm/h，小雨），来模拟雨季前年平均降雨量条件下的长雨期。为实现潜在渗流面和降雨强度 q 同时作用于堤防表面，该操作需要通过勾选 "Potential Seepage Face Review" 选项来实现，如图 4.9 所示。

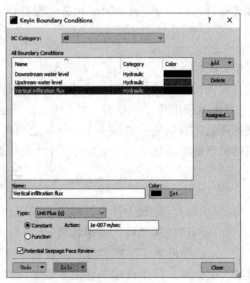

图 4.9 SEEP/W 模块中边坡条件的设置

4.3.1 自相关距离确定

目前,有多种可描述参数空间自相关性的自相关函数[27,32],其中高斯型自相关函数由于模拟的参数随机场分布的平滑度和连续性较好,且离散误差较小。故本章选取高斯型自相关函数,计算表达式为

$$\rho\left[(x_1,y_1),(x_2,y_2)\right]=\exp\left[-\left(\frac{|x_1-x_2|^2}{l_h^2}+\frac{|y_1-y_2|^2}{l_v^2}\right)\right] \tag{4.20}$$

式中:(x_1,y_1)、(x_2,y_2) 为随机场空间 Ω 内任意两点坐标;l_h 和 l_v 为水平和垂直方向上的自相关距离。自相关距离越大表示材料特性在一定空间区域内的自相关性程度越高,自相关距离越小则表明材料特性之间的自相关性程度越低。高斯型自相关函数的波动范围是其自相关距离的 $\sqrt{\pi}$ 倍。根据式(4.20)可计算得到原始空间不同点处的随机场特性值之间的自相关系数。

一旦确定了随机场参数,便可通过某种方法将连续参数随机场离散成随机变量,这个过程称为随机场的离散。由于多个堤防材料参数之间存在一定的互相关性,如水力模型参数 a 与参数 n 表现为负相关,意味着土的进气值越小,土水特征曲线拐点的斜率越大[31,33]。另外内摩擦角 φ 及黏聚力 c 间也存在负相关性[34-35],因而涉及相关高斯随机场的离散问题。下面以离散水力模型参数 a 和 n 的相关对数正态随机场 $\hat{H}_i(x,y)$ 为例,来说明相关非高斯随机场离散过程,采用计算精度和效率较高的 Karhunen-Loève(K-L)展开方法[34,36-38]。离散独立标准高斯参数随机场:

$$\hat{H}_i(x,y)=\mu_i+\sum_{j=1}^{M}\sigma_i\sqrt{\lambda_j}f_j(x,y)\xi_j^i \quad (i=a,n) \tag{4.21}$$

式中:(x,y) 为随机场分析空间 $\Omega=\{(x,y):0\leqslant x\leqslant L_1;\ 0\leqslant y\leqslant L_2\}$ 内任意点坐标;μ_i 和 σ_i 分别为变量 i 的均值和标准差;λ_j 和 $f_j(\cdot)$ 分别为自相关函数的特征值和特征向量,需要通过求解如下 Fredholm 积分方程得到

$$\int_{\Omega}\rho\left[(x_1,y_1),(x_2,y_2)\right]f_i(x_2,y_2)dx_2dy_2=\lambda_i f_i(x_1,y_1) \tag{4.22}$$

式中:$\rho\left[(x_1,y_1),(x_2,y_2)\right]$ 为任意两点 (x_1,y_1)、(x_2,y_2) 间的空间相关系数。基于高斯型自相关函数,式(4.22)的特征值及特征向量没有解析解,本章采用 Wavelet-Galer-kin 技术数值求解[36,38]。ξ_1^i、ξ_2^i、$\cdots$、ξ_M^i 为独立标准正态随机变量,其中 M 为 K-L 展开截断项数,其取值一般取决于计算精度和自相关距离大小。根据文献[38-40]建议,采用随机场期望能比率因子 $\varepsilon\geqslant95\%$ 作为确定截断项数 M 的依据,其计算表达式为

$$\varepsilon=\sum_{i=1}^{M}\lambda_i/\sum_{i=1}^{\infty}\lambda_i=\sum_{i=1}^{M}\lambda_i/L_1L_2 \tag{4.23}$$

式中:L_1 和 L_2 分别为计算区域水平长度和垂直宽度。通过式(4.23)获得参数 a、n 独立标准高斯随机场之后,考虑参数 a、n 间的互相关性便得到了相关高斯参数随机场,再借助 Nataf 等概率变换技术考虑参数概率分布类型,便可获得参数 a、n 的相关非高斯随机场。类似地,可生成饱和渗透系数 k_s 和黏聚力 c 及内摩擦角 φ 相关非高斯随机场。

模拟堤身材料参数空间变异性的关键一步是确定 K-L 级数展开截断项数 M,图4.10给出了基于高斯型自相关函数的特征值随 K-L 级数展开项数的衰减关系曲线,可

以看出基于高斯型自相关函数的特征值衰减速度较快，并且衰减速度随着自相关距离的增大而加快。从 Phoon 和 Kulhawy[41] 统计的不同土体典型自相关距离变化范围中，分别选取水平和垂直自相关距离（$l_h =$ 20m，$l_v =$ 2m）、（$l_h =$ 30m，$l_v =$ 3m）和（$l_h =$ 40m，$l_v =$ 4m），当截断项数 M 取为 10 时，采用式（4.23）计算得到的比率因子 ε 分别为 80.1%、95% 和 98.7%。由图 4.10 可见，自相关距离越小，为满足计算精度要求所需的截断项数 M 越大。为平衡计算效率和精度要求，取自相关距离 $l_h =$

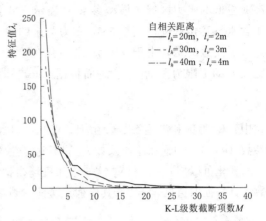

图 4.10 基于高斯自相关函数的特征值收敛性对比

30m 和 $l_v =$ 3m 来模拟堤身材料参数二维空间变异性，在每个随机场离散中 K-L 级数截断项数取 $M = 10$ 可以满足计算精度要求，5 个参数随机场共需离散 50 个随机变量总数。

在描述参数空间变异性时，随机场单元尺寸是影响可靠度分析结果的另一个重要因素，本例取水平和垂直随机场单元尺寸分别为 3m 和 0.5m。这样，堤身区域共划分为 233 个矩形随机场单元，靠近坡面时退化为三角形单元。水平和垂直波动范围与对应的水平和垂直随机场单元尺寸的比值分别为 $\delta_h / l_x = 30\sqrt{\pi}/3 = 17.72$ 和 $\delta_v / l_y = 3\sqrt{\pi}/0.5 = 10.63$，这与 Ching 和 Phoon[42] 的研究结论"当选用高斯型自相关函数，水平和垂直波动范围与随机场垂直和水平单元尺寸的比值应为 5.7～7.6"一致，表明所选取的随机场单元尺寸大小满足计算精度要求。另外为保证有限元计算精度，选用边长为 0.5m 的正方形有限元单元网格进行离散，这样一个随机场单元便包含了 6 个有限单元，如图 4.11 所示。

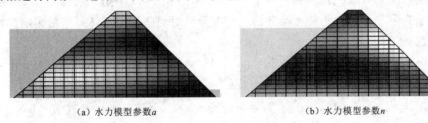

（a）水力模型参数 a （b）水力模型参数 n

图 4.11 参数随机场的典型实现

4.3.2 不确定土体参数统计分析

由于堤身为非饱和状态，而堤基全部浸润在水中，始终维持饱和状态，为此采用基于 van Genuchten 模型的土水特征曲线（SWCC）模拟堤防材料的饱和-非饱和状态，计算表达式为[43]

$$S_e(\psi) = \frac{\theta - \theta_r}{\theta_s - \theta_r} = \frac{1}{[1 + (\psi/a)^n]^m} \tag{4.24}$$

式中：$S_e(\psi)$ 为土的体积含水率函数；ψ 为基质吸力；S_e 为饱和度；θ 为体积含水量；θ_s 为饱和体积含水量；θ_r 为残余体积含水量；模型参数 a 表示土水特征曲线由饱和状态进入非饱和状态时拐点对应的吸力，虽然它不影响土水特征曲线的形状，但它将曲线移向更高或更低的吸力区域；模型参数 n 表示土水特征曲线拐点处斜率，反映初始进气阶段体积含水量变化快慢；模型参数 m 为与土的残余含水率对应的土性参数，$m=1-1/n$。

需注意的是，由于 n 与 m 之间存在转换关系，故 m 不是自变量，为保证 m 取正值，定义 n 的下限为 1.05[33]。进而根据 Cho[44]，可得渗透系数的计算表达式为

$$k=k_s S_e^{1/2}\left[1-(1-S_e^{1/m})^m\right]^2 \tag{4.25}$$

式中：k_s 为饱和渗透系数。由上式可知，堤身渗透系数的不确定性可通过 SWCC 曲线拟合参数（a，n）和饱和渗透系数 k_s 的不确定性体现出来。因此，堤防不同空间位置上渗透系数的变化可以用 a，n 和 k_s 这 3 个随机场模拟值来描述。根据文献［33］，得到堤防材料参数统计特征取值见表 4.2，其中假设堤防材料参数 a、n、k_s、c 及 φ 均服从对数正态分布。

表 4.2　　　　　　　　　堤防材料参数的统计特征值

参　数	均值	标准差	变异系数	概率模型
SWCC 曲线模型参数 a	50kPa	20	0.4	对数正态随机场
SWCC 曲线模型参数 n	1.5	0.3	0.2	对数正态随机场
堤身饱和渗透系数 k_{s1}	51.84mm/d	31.104mm/d	0.6	对数正态随机场
堤身黏聚力 c_1	24kPa	6kPa	0.25	对数正态随机场
堤身内摩擦角 φ_1	8°	1.2°	0.15	对数正态随机场
堤基饱和渗透系数 k_{s2}	61.84mm/d	31.104mm/d	0.6	对数正态随机变量
堤基黏聚力 c_2	28kPa	7kPa	0.25	对数正态随机变量
堤基内摩擦角 φ_2	9°	1.35°	0.15	对数正态随机变量

4.3.3　失事概率计算

该二元结构堤防有限元模型共离散了 4999 个节点和 4786 个边长尺寸为 0.5m 的正方形单元。为了进一步探讨水力模型参数的空间变异性对堤防边坡破坏概率的影响，本章研究了四种工况：

（1）工况 1（参考工况）：$k_{s1}=6\times10^{-7}$m/s，$H=8$m，$q=1\times10^{-7}$m/s，$a=50$，$n=1.5$。

（2）工况 2：$k_{s1}=6\times10^{-7}$m/s，$H=4$m，$q=1\times10^{-7}$m/s，$a=50$，$n=1.5$。

（3）工况 3：$k_{s1}=6\times10^{-7}$m/s，$H=8$m，$q=3\times10^{-6}$m/s，$a=50$，$n=1.5$。

（4）工况 4：$k_{s1}=3\times10^{-6}$m/s，$H=8$m，$q=1\times10^{-7}$m/s，$a=3.711$，$n=1.289$。

请注意，工况 2 和工况 3 分别反映了上游水位和降雨强度的影响。工况 4 采用 $k_{s1}=3\times10^{-6}$m/s，是原始饱和水力渗透系数的 5 倍。根据文献［45］，渗透系数为 $k_{s1}=3\times10^{-6}$m/s 的新土体对应的拟合参数 a 和 n 分别为 3.711 和 1.289。对四种不同工况下堤防进行有限元渗流分析，获得了堤防孔隙水压力分布云图如图 4.12 所示，然后采用毕肖普简化法便计算得到对应工况下的堤坡安全系数。

同时，将堤基材料参数（饱和渗透系数、黏聚力 c 和内摩擦角 φ）模拟为随机变量，探讨堤基材料参数变异性对堤坡稳定可靠度的影响，堤基材料参数统计特征见表 4.2。之所以将堤基材料参数视作随机变量是因为堤基在施工过程中经历了长期的挖填及沉积过程，不同空间位置之间的材料参数差异性较小，堤基材料参数的空间变异性水平明显小于

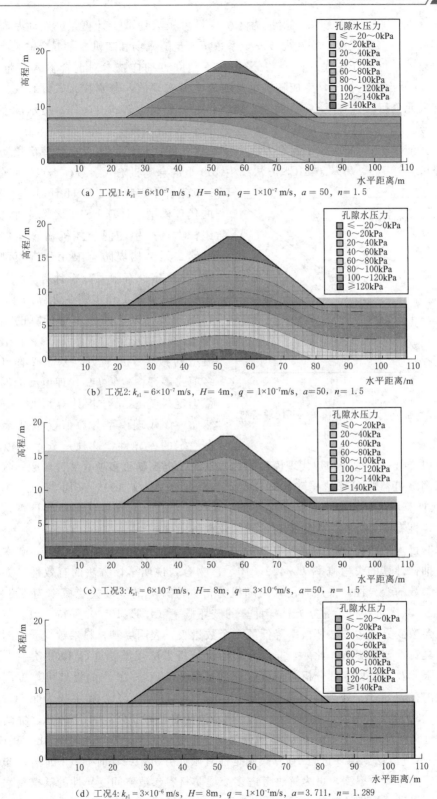

(a) 工况1: $k_{s1} = 6 \times 10^{-7}$ m/s, $H = 8$ m, $q = 1 \times 10^{-7}$ m/s, $a = 50$, $n = 1.5$

(b) 工况2: $k_{s1} = 6 \times 10^{-7}$ m/s, $H = 4$ m, $q = 1 \times 10^{-7}$ m/s, $a = 50$, $n = 1.5$

(c) 工况3: $k_{s1} = 6 \times 10^{-7}$ m/s, $H = 8$ m, $q = 3 \times 10^{-6}$ m/s, $a = 50$, $n = 1.5$

(d) 工况4: $k_{s1} = 3 \times 10^{-6}$ m/s, $H = 8$ m, $q = 1 \times 10^{-7}$ m/s, $a = 3.711$, $n = 1.289$

图 4.12 不同工况下堤防孔隙水压力分布云图

堤身[20]。另外，将堤基材料参数模拟为随机变量可极大地减少计算量。在此基础上，基于 2 阶 Hermite 多项式展开构建堤坡安全系数 FS 与随机场和随机变量混合输入参数之间的显式函数关系（即 FS 代理模型）。采用拉丁超立方抽样技术对混合输入变量（共 53 个）进行 3500 次随机抽样，生成随机场及随机变量实现值，分别代入式（4.16）和堤防确定性有限元分析中计算 FS，进而建立线性代数方程组求解式（4.16）所示的多项式展开待定系数。

为了验证基于 3500 次拉丁超立方抽样技术建立的代理模型能否有效替代堤防确定性有限元分析计算 FS，另基于 MCS 方法产生 100 组混合随机输入参数样本点。步骤 1：将 100 组样本点代入 2 阶 Hermite 多项式展开的代理模型中计算 FS。步骤 2：将基于 100 组样本点产生的混合随机输入参数实现值赋给二元结构堤防有限元分析模型，进行 100 次确定性有限元分析计算 FS。图 4.13 比较了由步骤 1 和步骤 2 计算的 FS。由图 4.13 可知，以上两个步骤计算的 FS 接近于 45°线，拟合系数 $R^2 = 95.4\%$，表明代理模型的拟合结果较好，基于 2 阶 Hermite 多项式展开构建的 FS 代理模型能够有效代替确定性有限元分析计算堤坡安全系数。然而，该代理模型与数值模拟结果仍然存在一定的差异性，这种差异性可以通过以

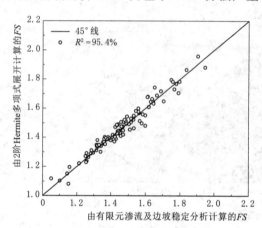

图 4.13　验证 Hermite 多项式展开代理模型的有效性

下途径予以降低：①增加构建代理模型的样本量；②提高随机多项式展开阶数；③改用神经网络等高级机器学习算法构建代理模型。随后基于式（4.19），采用 $N_{MCS} = 100$ 万次 MCS 方法计算堤坡失稳概率，其中堤坡 FS 直接采用式（4.16）代理模型计算，无须重复进行确定性有限元分析，大大提高了计算效率。

采用非侵入式随机分析方法计算的堤坡失稳概率为 5.864×10^{-3}，与 3500 次直接拉丁超立方抽样计算的失稳概率（5.429×10^{-3}）吻合，说明了该方法的有效性。如果忽略堤基材料参数的变异性，采用非侵入式随机分析方法计算的堤坡失稳概率为 1.3×10^{-4}，也与采用 3000 次直接拉丁超立方抽样计算的破坏概率（4.3×10^{-4}）保持一致。忽略堤基材料特性参数变异性边坡破坏概率降低了一个数量级，表明堤基材料参数变异性对堤防边坡稳定也具有重要的影响。此外，非侵入式随机分析方法仅需要进行 3000 次左右的确定性渗流有限元及边坡稳定性分析，便可以评估量级为 $10^{-4} \sim 10^{-3}$ 的堤坡可靠度问题。在同一配置内存为 8GB、处理器为 Intel（R）Core（TM）i5-6500 和主频为 3.5GHz 的台式计算上，3000 次有限元计算共耗时 28.47h，包括前处理部分耗时 16.03h，堤防渗流及堤坡稳定性分析耗时 12.14h，后处理部分（即 100 次 MCS 计算）耗时 0.3h。相比之下，采用传统 MCS 方法则需要进行 10 万次确定性有限元分析，约耗时 50d。显然，非侵入式随机分析方法计算效率高，可为解决考虑多个堤防材料参数空间变异性的低概率水平堤坡可靠度问题提供了一条有效的途径。

4.3.4 参数敏感性分析

为了说明堤身材料参数变异性对堤防边坡可靠度的影响，图4.14～图4.18给出了边坡失稳概率随堤身材料参数（饱和渗透系数、黏聚力和内摩擦角、a和n）变异系数的变化关系曲线。根据文献[12，33]，堤身材料参数变异系数的取值范围分别为$COV_{c_1}=[0.20，0.30]$、$COV_{\varphi_1}=[0.10，0.20]$、$COV_{ks_1}=[0.60，0.90]$、$COV_a=[0.20，0.60]$和$COV_n=[0.20，0.60]$，当某一参数变异系数变化时，其余参数的变异系数取表4.2中的参考值。

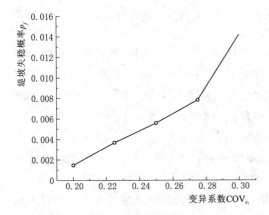

图4.14 堤坡失稳概率随黏聚力c_1
变异系数的变化关系

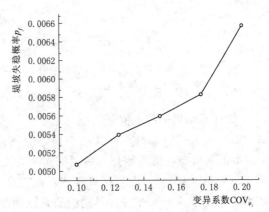

图4.15 堤坡失稳概率随内摩擦角φ_1
变异系数的变化关系

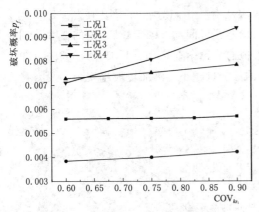

图4.16 堤坡失稳概率随饱和渗透系数k_{s_1}
变异系数的变化关系

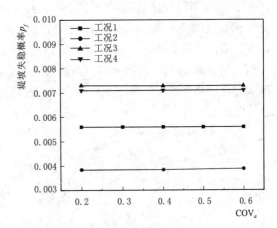

图4.17 堤坡失稳概率随水力模型参数a
变异系数的变化关系

由图4.14～图4.18可知，工况2～工况4的堤坡失稳概率随COV_{ks_1}、COV_a和COV_n变化的总体趋势与工况1相同。特别在图4.18中，对于工况2～工况4，堤坡失稳概率也随着COV_n的增加而减小。对于工况2和工况3，COV_{ks_1}、COV_a和COV_n对堤坡失稳概率的影响仍然不显著。这是因为当堤身材料渗透系数均值为$ks_1=6\times10^{-7}$m/s时，堤身材料渗透系数仍然很小，即使在上游水位较低、降雨强度较大时，非饱和渗流分析结果与工况1相比变化不大。这也说明工况3中当堤身表面达到饱和状态时，虽然降雨强度

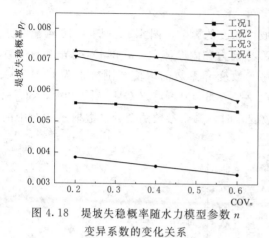

图 4.18　堤坡失稳概率随水力模型参数 n
变异系数的变化关系

较大，但是水力参数空间变异性对堤坡失稳概率的影响仍然较小。工况 4 中，当 ks_1 的均值增加到 $3 \times 10^{-6}\,\mathrm{m/s}$ 时，COV_{ks_1} 和 COV_n 对堤坡失稳概率的影响比较显著。说明水力模型参数空间变异性对堤坡稳定可靠度的影响主要体现在堤身材料渗透性上。注意，堤身材料渗透性较强，COV_a 对堤坡失稳概率的影响仍然非常小（图 4.17）。

有趣的是，图 4.18 中堤坡失稳概率随着水力模型参数 n 的变异系数的增大反而减低，虽然这与文献 [33] 中图 4.13 和图 4.14 的计算结果一致，但是文献 [33] 并没有解释这一原因。为此，图 4.19 给出了采用式（4.20）和式（4.21）计算的渗透系数随基质吸力的变化关系曲线。由图 4.19 可知，n 的取值对堤身渗透系数具有重要的影响，在基质吸力一定的情况下，n 取值越小且越接近于下限值（1.05），堤防材料渗透系数在很小的基质吸力作用下就会急速下降。随着 n 值增大至大于等于 1.3 时，不同渗透系数随基质吸力的变化关系曲线相差很小，渗透系数总体偏大。如对于 n 由 1.30 变化到 2.0 的这几条关系曲线，渗透系数关系曲线相差较小，远不及 n 在 [1.05，1.3] 区间取值获得的渗透系数关系曲线变化幅度大。图 4.20 进一步比较了 n 取不同变异系数（COV_n 为 0.2，0.4 和 0.6），采用 MCS 方法计算的 n 的累积分布函数（CDF）曲线。由图 4.20 可知，n 大致服从对数正态分布且下限值为 1.05。当 n 的变异系数分别取 0.2、0.4 和 0.6 时，模拟的 n 值落在区间 [1.05，1.3] 内的概率分别为 0.26、0.48 和 0.58。表明 n 的变异系数越大，模拟的 n 值落在区间 [1.05，1.3] 内可能性越大，进而相应的堤防渗透系数越小，通过堤身的渗流量越小，因而堤坡越安全。

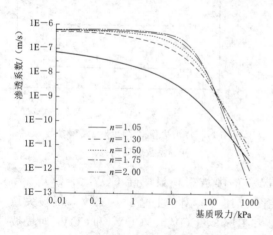

图 4.19　不同 n 值下的渗透系数随基质吸力
变化曲线

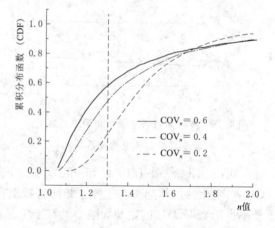

图 4.20　不同 n 的累积分布函数的比较

另外，为了揭示水力模型参数 a 和 n 的互相关系数对堤防堤身边坡破坏概率的影响，图 4.21 比较了不同互相关系数 $\rho_{a,n}$ 情况下的堤坡失稳概率。考虑的变化范围为 $-0.5 \leqslant \rho_{a,n} \leqslant 0.5$。与文献［40］中黏聚力和内摩擦角之间互相关系数的影响相似，堤坡失稳概率随着 $\rho_{a,n}$ 的增大而增加。如果实际的 a 和 n 互相关系数是正值或负值，则假设 a 和 n 相互独立获得的堤坡失稳概率有一定的偏差，尽管 a 和 n 的互相关系数对边坡破坏概率的影响很小。$\rho_{a,n}$ 为 $-0.5 \sim 0.5$，边坡破坏概率从 3.88×10^{-3} 增加到 7.47×10^{-3}。

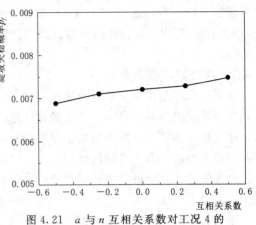

图 4.21　a 与 n 互相关系数对工况 4 的堤坡失稳概率的影响

4.4　康山大堤工程应用

下面进一步考虑堤身材料参数不确定性进行含多破坏模式康山大堤失事概率计算。根据第 3 章康山大堤工程地质条件和水文条件，结合康山大堤的堤身及堤基材料的特性，选取康山大堤某个堤段的标准地质断面图，如图 4.22 所示。

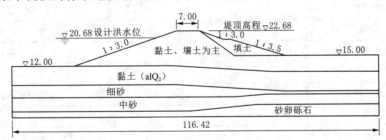

图 4.22　康山大堤标准地质断面（单位：m）

4.4.1　水文失事概率计算

根据康山大堤水文地质资料，堤顶高程 h_0 为 22.68m，风区长度 F 为 1200m，计算风速为 13.7m/s，水域平均水深为 9.95m。结合《堤防工程设计规范》[25]，选取的断面护坡由混凝土预制块构成，护坡糙率及渗透系数 K_Δ 为 0.8，经验系数 K_v 为 1.03，爬高累计频率换算系数取 1.84，综合摩阻系数 K 取 3.6×10^{-6}。根据文献［23］，康山大堤水文参数概率统计特征见表 4.3。

表 4.3　　　　　　　　　　　　水文参数的统计特征

参　数	概率模型	均值/m	变异系数
洪水位 h	正态分布随机变量	20.68	0.03
波浪爬高 R_p	瑞利分布随机变量	0.812	0.523
风壅高度 e	极限 I 型分布随机变量	0.00415	0.1

根据式（4.3），运用 MATLAB 编写洪水漫顶和漫溢失事率计算程序，采用 MCS 方法（$n=1000$ 万次）可计算得到设计洪水位为 20.68m 条件下的康山大堤水文失事概率为 8.9×10^{-3}。

4.4.2 渗透破坏概率计算

上下游水位差作用下堤身及堤基会产生一定的渗透坡降，坡降大小与堤防材料性质和其边界条件相关。如果堤防临水面具有良好的防渗性能（不透水）或者堤身本身为弱透水体，则堤防渗透破坏一般不会发生在堤身上，大多发生在堤基，多表现为通过透水层砂土地基的集中渗流，即堤基管涌破坏。在高洪水位作用下，通过堤基的砂土渗透到背水坡黏土层的薄弱处，进而可能被承压水顶破，形成集中出水口引发管涌破坏。康山大堤堤身材料主要为黏土、壤土为主，其渗透系数小于堤基砂土层渗透系数的两个数量级以上。因此，康山大堤渗透破坏风险主要发生在堤基上，并且由于渗透破坏计算理论相对较为复杂，影响因素较多，故可采用第 1 种基于渗径长度的渗透破坏概率计算方法建立渗透破坏极限状态函数，计算渗透破坏概率。根据文献 [46]，相关计算参数的概率统计特征见表 4.4。

根据表 4.4 的相关数据，基于式（4.13）采用 MCS 方法（$n=1000$ 万次）计算得到康山大堤在设计洪水位 20.68m 下的渗透破坏概率为 9.7×10^{-4}。

表 4.4   康山大堤渗透破坏典型断面几何参数概率统计特征

参 数	均 值	变异系数	概率模型
含水层厚度 D	134m	—	常量
含水层渗透系数 k_s	1.00×10^{-3} m/s	0.7	正态分布随机变量
渗流水头 ΔH	5.68m	0.03	正态分布随机变量
覆盖层厚度 d_{ks}	9.29m	0.3	正态分布随机变量
覆盖层渗透系数 k_c	5×10^{-8} m/s	1.0	正态分布随机变量
堤后压盖宽度 X	30m	0.017	正态分布随机变量
堤前覆盖宽度 L_1	20m	0.24	正态分布随机变量
最小渗径长度 L_k	14.2m	0.05	正态分布随机变量
渗径系数 C	2.5	0.3	正态分布随机变量
不确定性参数 M	1	0.1	正态分布随机变量

4.4.3 堤坡失稳破坏概率计算

根据康山大堤地质勘查报告中以及鄱阳湖区已建堤防工程相关材料参数取值 [47]，将康山大堤堤身材料重度视作常量，见表 4.5；结合文献 [48] 可得堤身材料抗剪强度参数概率统计特征，见表 4.6。

表 4.5   康山大堤材料参数取值

材料	黏土、壤土为主	填土（砂质土料）	黏土	细砂	中砂	砂卵砾石
重度 γ/(kN/m³)	18.46	18.63	19.46	19.12	19.12	19.61

表 4.6　　　　　　　　　　　　康山大堤材料参数概率统计特征

材　料	土体参数	均　值	变异系数	概率分布类型
黏土、壤土为主	黏聚力 c	20kPa	0.25	对数正态
	内摩擦角 φ	18°	0.15	对数正态
填土（砂质土料）	黏聚力 c	2kPa	0.25	对数正态
	内摩擦角 φ	22°	0.15	对数正态
黏土	黏聚力 c	20.9kPa	0.25	对数正态
	内摩擦角 φ	14°	0.15	对数正态
细砂	黏聚力 c	0	0.25	对数正态
	内摩擦角 φ	22°	0.15	对数正态
中砂	黏聚力 c	0	0.25	对数正态
	内摩擦角 φ	26°	0.15	对数正态
砂卵砾石	黏聚力 c	0	0.25	对数正态
	内摩擦角 φ	40°	0.15	对数正态

同样，首先在 SEEP/W 模块中建立渗流有限元分析模型，对堤防进行饱和/非饱和渗流分析。其中堤身为非饱和材料，采用 van Genuchten 模型描述其土水特征曲线，堤基假定为饱和材料。根据文献［33］，堤身材料的 van Genuchten 模型参数取值如下：饱和含水量 θ_s 取 0.43，残余含水量 θ_r 取 0.045，拟合参数 a、n 和 m 分别取 0.67659kPa、2.68 和 0.62687。在 SEEP/W 模块中建立求得设计洪水位为 20.68m 工况下堤防孔隙水压力分布之后，将其导入 SLOPE/W 模块采用简化毕肖普法进行堤坡稳定性分析。其中，采用进入进出（Entry-Exit）模式来产生堤坡潜在滑动面，利用自动搜索方法确定最危险滑动面。分别对设计洪水位工况下康山大堤堤坡进行稳定性分析，计算的临水面安全系数为 2.71，背水面安全系数为 1.90，对应的最危险滑动面分布如图 4.23 和图 4.24 所示。

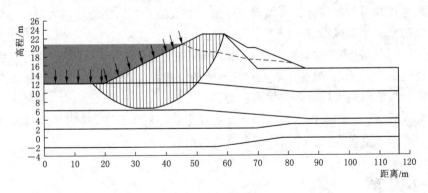

图 4.23　临水面堤坡稳定分析（$FS = 2.71$）

在此基础上，将饱和渗透系数 k_s 和抗剪强度参数（c 和 φ）视作随机变量，分别采用非侵入式随机分析方法计算得到设计洪水位为 20.68m 工况下临水面堤坡失稳概率为 0，背水面堤坡失稳概率为 $1×10^{-4}$。

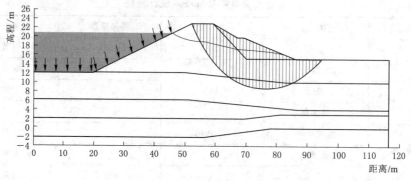

图 4.24　背水面堤坡稳定分析（$FS = 1.90$）

4.4.4　综合失事概率计算

堤防工程综合失事破坏概率由水文失事概率、渗透破坏概率和堤坡失稳破坏概率组成。堤防临水坡洪水位超过了堤顶高程水文失事发生，而渗透破坏概率和堤坡失稳通常发生在洪水位没有超过堤顶高程的情形下。虽然二者存在共同的影响因子，但是可以近似认为相互独立。相比之下，渗透破坏和堤坡失稳事件存在一定的相关性，因此需要采取联合概率密度函数进行描述。然而，相关计算表达式非常复杂，对于同一堤防工程，渗透破坏和堤坡失稳同时发生的概率一般很小，也可近似视作独立事件进行处理[22]。根据堤防工程实践，假设不同堤段单元破坏模式相互独立，可得某个堤段综合失事概率[23] 为

$$P_{综合} = P_{水文} + P_{渗透} + P_{失稳} \tag{4.26}$$

康山大堤在设计洪水位为 20.68m 作用下的水文失事概率 $P_{水文}$ 为 8.9×10^{-3}，渗透破坏概率 $P_{渗透}$ 为 9.7×10^{-4}，堤坡失稳破坏概率 $P_{失稳}$ 为 1.0×10^{-4}，进而可得康山大堤综合失事概率为 9.97×10^{-3}。显然水文失事对综合失事概率的贡献最大，渗透破坏和堤坡失稳的贡献相对较小。在堤防运行管理和维护过程中，要注意连续强降雨引起的水位迅速升高问题，在汛期应该提前做好堤防工程加固、险情排查及防洪抢险措施，最大限度降低汛期洪水引起的堤防水文失事风险。

根据 2020 年 7 月当地水文部门最新水位监测数据，2020 年 7 月 14 日的康山大堤堤前水位已经达到 22.32m，发生了长达 200m 的脱坡险情，基于相同的地质断面条件，采用提出方法计算的康山大堤综合失事概率为 79.72%，失事风险极高。本章提出方法计算结果与工程实际吻合，在高洪水位作用下堤防发生破坏概率极高，如不及时采取紧急抗洪抢险措施，将会对下游人民生命财产造成重大的损失。

4.5　本章小结

本章总结了堤防工程失事概率及风险分析研究进展，统计分析了堤防工程中存在的三种不确定性以及代表性参数变异系数取值范围，给出了针对不同破坏模式的失事概率计算方法及流程图，最后应用于某二元结构堤防工程和鄱阳湖区康山大堤案例中，主要结论如下：

（1）提出的非侵入式随机分析方法基于 Hermite 多项式展开构建边坡安全系数代理模型，可有效计算量级为 $10^{-4} \sim 10^{-3}$ 的堤坡失稳破坏概率。相比传统蒙特卡洛模拟方法，该方法计算效率高，可为解决考虑多个堤防材料参数不确定性的堤坡稳定可靠度问题提供了一条有效的途径。

（2）给出了针对不同破坏模式的堤防工程破坏概率计算公式，并分别将其应用于某二元结构堤防工程和康山大堤实际工程案例中，验证了这些计算公式的有效性。据此，可根据不同的工程实际、概率水平和计算效率需求，选用适合的计算方法解决堤防工程失事概率计算问题，并且这些方法可拓展到尾矿坝、土石坝和重力坝等其他水利工程中，进而为水利工程风险评估及标准化管理提供重要支撑。

（3）康山大堤在防洪标准为抵御 20 年一遇的洪水作用下（设计洪水位为 20.68m），综合失事概率为 9.97×10^{-3}，堤防失事可能性小，其中水文失事对堤防综合失事概率的贡献最大，说明在汛期出现超标准洪水时容易引起堤防漫顶或漫溢失事风险，需要提高该堤防设防标准并提前做好险情排查、防洪抢险措施与撤离方案等。

本 章 参 考 文 献

［1］　高延红，张俊芝. 堤防工程风险评价理论及应用［M］. 北京：中国水利水电出版社，2011.

［2］　李旭日. 可靠性分析中岩土参数不确定性描述方法的研究进展［J］. 中国水运（下半月），2017，17（5）：326 - 328.

［3］　宋轩，周旭辉，陈璇，等. 考虑土性参数空间变异性对堤防安全性的影响［J］. 河南科学，2019，37（10）：1640 - 1644.

［4］　LUMB P. The variability of natural soils［J］. Canadian Geotechnical Journal，1966，3（2）：74 - 97.

［5］　李少龙，崔皓东. 渗透系数空间变异性对堤基渗透稳定影响的数值模拟［J］. 长江科学院院报，2019，36（10）：49 - 52，58.

［6］　LANZAFAME R，SITAR N. Reliability analysis of the influence of seepage on levee stability［J］. Environmental Geotechnics，2019，6（5）：284 - 293.

［7］　UZIELLI M，LACASSE S，NADIM F，et al. Soil variability analysis for geotechnical practice［C］. In：Tan Phoon High Lerouel（Eds.），Characterization and Engineering Properties of Natural Soils［J］. Taylor & Francis group，2007.

［8］　DUNCAN M J. Factors of safety and reliability in geotechnical engineering［J］. Journal of Geotechnical and Geoenvironmental Engineering，2000，126（4）：307 - 316.

［9］　SRIVASTAVA A，BABU G L S，HALDAR S. Influence of spatial variability of permeability property on steady state seepage flow and slope stability analysis［J］. Engineering Geology，2010，110（3 - 4）：93 - 101.

［10］　YOSHINAMI Y，SUZUKI M，NAKAYAMA T. Safety estimation of levees against seepage failure by reliability analysis［J］. Journal of Japan Society of Civil Engineering，2013，6：59 - 67.

［11］　LANZAFAME R，TENG H，SITAR N. Stochastic analysis of levee stability subject to variable seepage conditions［C］. Geo - Risk 2017 Geotechnical Special Publications 283（Huang J，Fenton G A，Zhang L M，Griffiths，D V，eds），554 - 563.

[12] CHERUBINI C. Reliability evaluation of shallow foundation bearing capacity on c', ϕ' soils [J]. Revue Canadienne De Géotechnique, 2000, 37 (1): 264 – 269.

[13] 邢万波. 堤防工程风险分析理论和实践研究 [D]. 南京：河海大学，2006.

[14] 丁丽. 堤防工程风险评价方法研究 [D]. 南京：河海大学，2006.

[15] METYA S, BHATTACHARYA G. Probabilistic stability analysis of the bois brule levee considering the effect of spatial variability of soil properties based on a new discretization model [J]. Indian Geotechnical Journal, 2016, 46 (2): 152 – 163.

[16] NI X, WANG Y. Calculation of risk probability of levee landslide based on three – dimensional limit equilibrium theory [C]. International Conference on Electric Technology and Civil Engineering, 2011, 2028 – 2031.

[17] 王亚军，张我华，陈合龙. 长江堤防三维随机渗流场研究 [J]. 岩石力学与工程学报，2007，26 (9)：1824 – 1831.

[18] 高昂，苏怀智. 基于 BP 网络和 Monte Carlo 法相结合的堤防渗流稳定可靠度分析 [J]. 中国农村水利水电，2014 (6)：161 – 163.

[19] 金双彦. 江河防洪堤风险分析及其概率设计的初步研究 [D]. 南京：河海大学，1999.

[20] 高延红. 基于实测年最高洪水位的现有堤防加高设计的洪水位分析 [J]. 中国农村水利水电，2006 (9)：64 – 66.

[21] 洪汉平. 地震荷载作用下相关性对结构可靠度的影响 [J]. 地震工程与工程振动，2000，20 (4)：8 – 13.

[22] 孔宇阳，李珊. 地震荷载作用下岩石边坡稳定性的拟动力分析及可靠度研究 [J]. 科学技术与工程，2017，17 (22)：169 – 176.

[23] FU Z, SU H, HAN Z, et al. Multiple failure modes – based practical calculation model on comprehensive risk for levee structure [J]. Stochastic Environmental Research and Risk Assessment, 2018, 32 (4): 1051 – 1064.

[24] 王亚军，张我华. 堤防工程广义可靠度分析及参数敏感性研究 [J]. 工程地球物理学报，2008，5 (5)：617 – 623.

[25] 中华人民共和国水利部. 堤防工程设计规范：GB 50286—2013 [S]. 北京：中国计划出版社，2013.

[26] 韦鹏昌，蒋水华，江先河，等. 考虑多破坏模式的堤防工程失事风险率分析 [J]. 武汉大学学报（工学版），2020，53 (1)：9 – 15.

[27] 蒋水华. 水电工程边坡可靠度非侵入式随机分析方法 [D]. 武汉：武汉大学，2014.

[28] 李典庆，蒋水华，周创兵，等. 考虑参数空间变异性的边坡可靠度分析非侵入式随机有限元法 [J]. 岩土工程学报，2013，35 (8)：1413 – 1422.

[29] 蒋水华，李典庆，曹子君，等. 考虑参数空间变异性的边坡系统可靠度分析 [J]. 应用基础与工程科学学报，2014，22 (5)：841 – 855.

[30] GHANEM R G, SPANOS P D. Stochastic finite elements: A spectral approach [M]. New York: Springer, NY, 1991: 101 – 119.

[31] JIANG S H, LIU X, HUANG J. Non – intrusive reliability analysis of unsaturated embankment slopes accounting for spatial variabilities of soil hydraulic and shear strength parameters [J]. Engineering with Computers, 2022, 38 (S1): 1 – 14.

[32] 秦权，林道锦，梅刚. 结构可靠度随机有限元 [M]. 北京：清华大学出版社，2006.

[33] TAN X, WANG X, KHOSHNEVISAN S. Seepage analysis of earth – rock dams considering spatial variability of hydraulic parameters [J]. Engineering Geology, 2017, 288: 60 – 269.

[34] CHO S E. Probabilistic assessment of slope stability that considers the spatial variability of soil

properties [J]. Journal of Geotechnical and Geoenvironmental Engineering，2010，136（7）：975 – 984.

[35] FENTON G A，GRIFFITHS D V. Bearing – capacity prediction of spatially random $c – \varphi$ soils [J]. Canadian Geotechnical Journal，2003，40（1）：54 – 65

[36] PHOON K K，HUANG S P，QUEK S T. Implementation of Karhunen – Loève expansion for simulation using a wavelet – Galerkin scheme [J]. Probabilistic Engineering Mechanics，2002，17 （3）：293 – 303.

[37] 史良胜，杨金忠，陈伏龙. Karhunen – Loeve 展开在土性各向异性随机场模拟中的应用研究 [J]. 岩土力学，2007，28（11）：2303 – 2308.

[38] HUANG S P. Simulation of random processes using Karhunen – Loeve expansion [D]. Singapore：National University of Singapore，2001.

[39] LALOY E，ROGIERS B，VRUGT J A，et al. Efficient posterior exploration of a high – dimensional groundwater model from two – stage MCMC simulation and polynomial chaos expansion [J]. Water Resources Research，2013，49（5）：2664 – 2682.

[40] JIANG S H，LI D Q，ZHANG L M，et al. Slope reliability analysis considering spatially variable shear strength parameters using a non – intrusive stochastic finite element method [J]. Engineering Geology，2014，168：120 – 128.

[41] PHOON K K，KULHAWY F H. Characterization of geotechnical variability [J]. Canadian Geotechnical Journal，1999，36（4）：612 – 624.

[42] CHING J，PHOON K K. Effect of element sizes in random field finite element simulations of soil shear strength [J]. Computers and Structures，2013，126（1）：120 – 134.

[43] VAN GENUCHTEN M T. A closed – form equation for predicting the hydraulic conductivity of unsaturated soils [J]. Soil science society of America Journal，1980，44（5）：892 – 898.

[44] CHO S E. Probabilistic analysis of seepage that considers the spatial variability of permeability for an embankment on soil foundation [J]. Engineering Geology，2012，133 – 134.

[45] CHO E S. Probabilistic stability analysis of rainfall – induced landslides considering spatial variability of permeability [J]. Engineering Geology，2014，171：11 – 20.

[46] SCHWECKENDIEK T，VROUWENVELDER A C W M，CALLE E O F. Updating piping reliability with field performance observations [J]. Structural Safety，2014，47：13 – 23.

[47] 蒋水华，冯晓波，李典庆，等. 边坡可靠度分析的非侵入式随机有限元法 [J]. 岩土力学，2013，34（8）：2347 – 2354.

[48] 王洁. 堤防工程风险管理及其在外秦淮河堤防中的应用 [D]. 南京：河海大学，2006.

第 5 章　溃堤洪水演进模拟及损失评估

随着鄱阳湖区经济发展和人口增长以及分洪任务的增加，堤防工程及蓄滞洪区规模日益增大，然而现有的防洪标准较低，存在堤身堤型不达标、蓄滞洪区内人口密度大、水利工程和水保工程措施不到位，蓄滞洪区内产业严重失衡、种植业较多以及蓄洪排涝成本较大等问题。为解决这些问题，需要提前进行溃堤洪水演进过程模拟进而定量评估溃堤洪水损失和预估洪水灾害风险水平，同时这也是进行洪水风险管理的中心环节。为此，本章基于 MIKE 21 开发溃堤洪水演进数值模拟方法，提出溃堤洪水造成的生命损失、经济损失和生态环境损失评估方法，据此可获得洪水淹没信息（淹没范围、水深、流速和峰现时间等）和进行洪水灾害损失评估，从而为溃堤洪水灾害风险评估与管理奠定基础。

5.1　洪水演进数值模拟

溃堤洪水演进模拟、灾害损失分析和风险分析一直都是水利工程领域和防灾减灾部门关注的重大课题[1]。目前一般采用浅水波方程模拟溃坝洪水演进过程，浅水动力学计算方法包括有限差分法（简单易用、效率高、精度低）、有限单元法（计算量大）、有限体积法（物理意义清晰、计算复杂）、特征线法（水流变化大时误差大）以及以这些方法为基础的复合方法，不同方法的适用性不同[2]。

随着科学技术的发展，计算机软硬件性能大幅提升，推动了数值模拟软件开发的进程，促使一系列洪水数值模拟软件陆续问世。目前溃堤洪水研究领域中有很多优质的水动力学数值模拟软件。例如美国国家气象局开发的 FLDWAV 模型、丹麦水利研究所开发的 MIKE 11 和 MIKE 21 模型、美国伯明翰大学环境模型研究实验室开发的 SWMS（Surface Water Modeling System）模型、美国水文工程中心开发的 HEC 模型和威廉玛丽大学弗吉尼亚海洋科学研究所开发的 EFDC 模型、荷兰代尔夫特理工大学开发的 Delft3D 模型以及我国贵仁科技开发的 HIMS 模型等，这些软件或模型已经在工程实际中得到了广泛应用，有效促进了洪水风险综合评价与管理研究进展。下面简单介绍四种主流数值模型[2]。

（1）FLDWAV 模型。FLAWAV 模型[2]发展比较成熟，兼具 DAMBRK 和 BREACH 模型的优点，能够进行溃决洪水演进模拟的计算分析。计算原理与 BREACH 模型大体相同，不足之处是需要人为选择模型参数，智能化没有 BREACH 模型强。因此，在实际工程应用中优先利用 BREACH 模型模拟溃堤/溃坝洪水演进过程，然后再建立 FLDWAV 模型对下泄洪水演进过程进行计算分析。

（2）MIKE 11 模型。丹麦水科学研究所旗下的一家公司开发的 MIKE 11 软件[3]是一款能够模拟入海口、河流、灌溉系统以及其他水体水流、水质和泥沙运移的可视化专业工程软件。水动力模型是 MIKE 11 软件系统的核心部分，是构成洪水预测模型、平流分散模型、水质和泥沙运移模型等的重要基础。

（3）MIKE 21 模型。MIKE 21 模型[4-7]也由丹麦水利研究所开发，是常用的洪水演进数值模拟软件，分为海岸水文学和海洋学、环境水文学、泥沙传输过程和波浪这四个模块。基本原理是采用二维水动力学数学模型模拟水流运动，通过动态模拟可以直观得出水位、流量、流速和流势等重要水力指标随时间的变化关系曲线。MIKE 21 软件主要用于模拟各种流场问题和流场下环境问题，计算分析时需要进行数据前处理、模型建立和计算分析、结果后处理分析。MIKE 21 是常用于大型水利工程计算的二维平面流场模型（Flow Model），主体水动力学模块包含基本参数和水动力参数。在建立实际工程流场模型时，需要考虑客观实际对这两组参数进行率定。除了水的影响，还有比如泥沙等水质因素的影响，这就需要在水动力模块基础上添加不同的附加模块，比如泥沙模块、水质分析模块等，以更好地解决相关问题。

（4）贵仁模型。贵仁模型由我国贵仁科技开发，包括分布式水文模型、一维水动力、管网水动力、二维水动力、一级生态动力学模型、富营养化模型及可调控水工建筑模型等，可满足不同使用场景的模拟和预测需求。贵仁模型（HIMS 模型）是基于降雨入渗公式，融合业界其他主流的算法模块所开发的分布式水文模型，具有参数少、适应面广（蓄满产流、超渗产流）、结构灵活、方便定制开发等特点。贵仁水动力模型集多种水动力和水污染以及水生态模型于一体，依托 GPU 加速技术能够快速模拟无压流、有压流、缓流、急流、跨临界流等复杂流态以及水质因子的运移、反应过程。贵仁模型及各个水动力模型可进行不同程度的耦合，对复杂问题进行建模，可根据河道、管网、地形 DEM 等数据对整个区域建立洪水内涝模型。根据气象预报数据，在未来可能发生强降雨情况下提前进行模型计算，动态预测将会发生内涝的积水点位、淹没面积、淹没时长及淹没水深。相比于其他软件，贵仁模型计算部分可提交到模型云来进行，不需要为模型准备任何计算环境，一切交由云端服务器来计算，可以根据需要方便伸缩运算规模。另外用户通过模型云能够方便快捷地使用更多专业模型。

相比于其他模型，MIKE 21 模型功能更为强大，不仅可以进行软启动，还可以设置多种控制性水工结构，进行干、湿节点及单元设置等[8]，目前在全世界范围内大型水利工程中得到了广泛应用，包括我国南水北调工程和长江综合治理工程等。为此，本章主要基于 MIKE 21 软件开发溃堤洪水演进数值模拟方法，模拟溃堤洪水演进过程和进行洪水灾害损失评估。

5.1.1 控制方程

MIKE 21 软件将河道水流视作不可压缩的牛顿液体，采用纳维-斯托克斯（Navier-Stokes）方程来描述河道水流运动规律[9]，引入涡黏系数来量化河床底部摩阻作用和紊动影响，建立平面二维水动力数值模型。模型控制方程包括平面二维流连续性方程，计算表达式为

$$\frac{\partial \eta}{\partial t} + h\frac{\partial u}{\partial x} + h\frac{\partial v}{\partial y} = 0 \tag{5.1}$$

式中：t 为计算时间，s；x、y 为右手 Catesian 坐标系；h 为静止水深，m；u、v 为流速

在 x、y 方向上的分量，m/s。其中，x 和 y 方向上的二维水流动量方程分别为

$$\frac{\partial u}{\partial t}+u\frac{\partial u}{\partial x}+v\frac{\partial u}{\partial y}+g\frac{\partial \eta}{\partial x}+\frac{gu\sqrt{u^2+v^2}}{c^2 h}=v_t\left(2\frac{\partial^2 u}{\partial x^2}+\frac{\partial^2 u}{\partial y^2}+\frac{\partial^2 v}{\partial x\partial y}\right) \tag{5.2}$$

$$\frac{\partial v}{\partial t}+u\frac{\partial v}{\partial x}+v\frac{\partial v}{\partial y}+g\frac{\partial \eta}{\partial y}+\frac{gv\sqrt{u^2+v^2}}{c^2 h}=\nu_t\left(\frac{\partial^2 v}{\partial x^2}+2\frac{\partial^2 v}{\partial y^2}+\frac{\partial^2 u}{\partial x\partial y}\right) \tag{5.3}$$

式中：η 为水面到基准面的高度，即水位，m；g 为重力加速度，m/s^2；ν_t 为涡黏系数；c 为摩擦系数，$c=h^{\frac{1}{6}}/n$，n 为粗糙度系数。

5.1.2 边界条件

采用 MIKE 21 软件进行洪水演进过程模拟涉及四种边界条件，简要介绍如下：

（1）上边界条件。根据研究目的不同，蓄滞洪区上边界条件可选取流量边界或者水位边界，水位和流量又可分为不同工况下的边界条件，比如历史最高水位或流量过程、设计水位或流量过程、实测时段水位或流量过程等。

（2）下边界条件。蓄滞洪区若是封闭状态，则可不设置下边界条件；若不是封闭状态，则一般可选取边界处的水位或流量过程作为下边界条件。

（3）特殊边界条件。需要对道路、涵洞、桥梁等相关建筑物进行概化，设置特殊边界条件，以便在设置内边界时能考虑到蓄滞洪区内道路及其他水工建筑物的阻水作用和过水涵洞的过水作用。

（4）动边界条件。计算区域中通常存在随水位涨落而变化的动边界，为保证模型计算的连续性，采用"干湿处理技术"[5]，干湿水深分别采用系统默认值 0.005m 与 0.1m，即当计算区域的水深小于 0.005m 时，该计算区域记为"干"区，不参加计算；当水深大于 0.1m 时，该计算区域记为"湿"区，需要重新参与计算。

5.1.3 参数选取

MIKE 21 模型参数包括数值参数和物理参数（河床糙率系数、下垫面糙率系数、动边界计算参数和涡黏系数等），其中数值参数一般取默认值。MIKE 21 水动力数学模型的糙率系数是反映水流阻力的综合参数，下垫面糙率系数可依据《洪水风险图编制导则》[10]给出的糙率系数变化范围，再结合研究区域的河床特性进行率定取值。涡黏系数和糙率系数的取值方法如下：

（1）涡黏系数。当选择 Smagorinsky 公式求解涡黏系数时，必须设定涡黏系数的最小值和最大值，涡黏系数的最小值可以为 0，可通过调整涡黏系数的方式来避免模型的计算失稳问题，但是通常地形和边界条件设置不当是造成模型计算崩溃的主要原因，故通过调整涡黏系数的方式来解决模型计算失稳问题只能作为最后迫不得已的手段使用。

（2）糙率系数。糙率系数是模型计算的重要因素，通常可以采用无摩擦力、谢才系数、曼宁系数三个形式来设定。如果需要考虑水深的相关变量，就应该设定曼宁系数，系统默认值一般 32m$^{1/3}$/s，但是通常由于研究区下垫面情况不一致，需要根据实际下垫面情况设定不同糙率系数，保证模型计算结果的可靠性。

（3）其他参数。模型还可以考虑科氏力、风场、冰盖、降雨蒸发等因素对于计算结果的影响。

5.1.4　溃口设置

蓄滞洪区分洪口门通常有三种分洪方式，分别为自然分洪、闸门分洪和爆破分洪，都需要预留分洪口。根据国家防汛抗旱总指挥部《关于印发长江洪水调度方案的通知》（国汛〔1999〕10号），当鄱阳湖湖口水位达到分洪水位时，爆破分洪是采取爆破的方式将堤防预留的溃口扒开，闸门分洪则是通过开闸分洪。因分洪口门进口参数接近流线型，故可采用流线型宽顶堰公式计算溃口流量[11]：

$$Q_b = m\sigma B \sqrt{2g}(Z - Z_b) \times 1.5 \tag{5.4}$$

式中：m 和 σ 分别为流量系数和淹没系数，可由文献［11-12］确定。需要说明的是，本书暂未考虑淹没系数与流量系数的不确定性；Q_b 为溃口处出流流量，m^3/s；Z 为溃口处河道水位，m；Z_b 为溃口顶部高程，m；B 为溃口宽度，m。

5.2　溃堤洪水损失评估

当发生超标准洪水时，将预留的堤防溃口扒开进行分洪，通过溃口的洪水会对周边环境、下游和蓄滞洪区造成一定的生命损失、经济损失和生态环境损失。生命损失是指下游和蓄滞洪区受溃堤洪水影响造成的人员伤亡和受灾人口数量等；经济损失是指溃堤洪水给下游和蓄滞洪区带来的直接经济损失和间接经济损失，可用货币进行量化；生态环境损失指的是溃堤洪水对下游和蓄滞洪区内生态环境造成的损失。

5.2.1　生命损失评估

关于生命损失，参考宋敬衎和何鲜峰的研究成果[13]，根据人口聚居特点，将行政区划淹没区划分为若干子区域，使用风险人群积分算法得到实用的生命损失 LOL 计算公式为

$$LOL = \sum_{i=1}^{a} \sum_{j=1}^{c} PAR_{ij} IR_{ij} \tag{5.5}$$

式中：PAR_{ij} 为第 i 个区域中第 j 组风险人口数量；a 为风险区域总数；c 为风险人口分组数目；IR_{ij} 为第 i 个区域中第 j 组风险人群个体生命损失率，计算公式为

$$IR = \sum_{i=1}^{l} f_i \tag{5.6}$$

式中：f_i 为发生第 i 等级的洪水个体死亡率，可根据洪水演进模拟获得的淹没范围、水深以及预警时间 W_T 等因素来查表确定；l 为洪水等级数[13-14]。

式（5.6）中的 f_i 为传递参量，需要根据蓄滞洪区受灾程度以及预警时间来确定。按照李雷等[15]的方法，结合鄱阳湖区实际特点对 f_i 的计算进行了如下调整：

$$f_i = f_0 \alpha \beta \tag{5.7}$$

$$\alpha = qm_1 + (1-q)m_2 \tag{5.8}$$

式中：f_0 为我国风险人口死亡率[16-17]，取值可参考附录1；α 为灾害严重程度系数；m_1 为直接影响因子，$m_1 < 1$；m_2 为间接影响因子，$m_2 < 1$；q 为权重系数，$0.5 < q < 1$；β 为修正系数，$\beta = 1.4$。需要说明的是，修正系数 β 需要综合考虑到我国南方人口众多且密集，尤其在水域附近人口分布密集，我国在堤防风险应急预案及实施保障体系的不完备，堤防溃决的突发性等不确定因素的存在，以及溃堤洪水造成的生命损失直接和间接影响因

素对风险人口死亡率的影响难以确切估算等不足[16]。本书参考国外经验公式 Graham 法及提出的调整公式估算溃堤洪水造成的生命损失[14,17]，提出一个修正系数 β，取值 $\beta = 1.4$ 来估算风险人口死亡率 f_i。

式（5.8）中的权重系数 q 利用层次分析法采用标度 1～9 及其倒数来表征两个因子的重要程度。a 表示因子集合，a_i 表示评价子集。$a_{ij}(i = 1, 2, \cdots, n; j = 1, 2, \cdots, n)$ 表示 a_i 对 a_j 的相对重要性指标。a_{ij} 的取值依照表 5.1 进行。

表 5.1 相对重要性指标标度及其含义[14]

标 度	含 义
1	a_i 与 a_j 具有同等重要性
3	a_i 比 a_j 稍微重要
5	a_i 比 a_j 明显重要
7	a_i 比 a_j 强烈重要
9	a_i 比 a_j 极端重要
2，4，6，8	2，4，6，8 分别表示相邻判断 1～3、3～5、5～7、7～9 的中值
倒数	表示因素 a_i 与因素 a_j 比较得到 a_{ij}，a_i 与 a_j 比较得到判断 $a_{ji} = 1/a_{ij}$

进而根据相对重要性指标标度和含义，构建 $n \times n$ 阶判断矩阵。当只有考虑间接因子和直接因子两个指标，由于直接因子比间接因子更重要，故 $a_{12} = 4$，可构建如下 2×2 矩阵：

$$a = \begin{bmatrix} 1 & 4 \\ 1/4 & 1 \end{bmatrix} \tag{5.9}$$

式（5.8）中权重系数 q 取 0.8，灾难严重性程度影响因子 m_1 为生命损失直接影响因素，对风险人口死亡率的影响程度可通过乘以权重系数再求和得到[16]：

$$m_1 = \sum_{i=1}^{n} s_i \theta_i \tag{5.10}$$

式中：$i = 1, 2, \cdots, n$；s_i 为第 i 个直接影响因素对风险人口死亡率的影响程度，s_1、s_2、s_3 和 s_4 分别为 PAR（风险人口）、SD（溃决洪水严重性程度系数）、W_T（预警时间）和 UD（对溃决洪水严重性的理解程度），详见表 5.2；θ_i 为权重系数，$\theta_1 = \theta_2 = 0.2$，$\theta_3 = \theta_4 = 0.3$。

表 5.2 生命损失直接影响因素 s_i 对死亡率的影响程度建议取值[14]

建议值	PAR	$SD/(m^2/s)$	W_T/h	UD
0.8～1.0	$>10^5$	极高 $DV > 15$	<0.25	高度模糊
0.6～0.8	$10^4 \sim 10^5$	高 $12 < DV \leqslant 15$	$0.25 \leqslant W_T \leqslant 0.5$	中度模糊
0.4～0.6	$10^3 \sim 10^4$	中 $4.6 < DV \leqslant 12$	$0.5 \leqslant W_T \leqslant 0.75$	一般
0.2～0.4	$10^2 \sim 10^3$	低 $0.5 < DV \leqslant 4.6$	$0.75 \leqslant W_T \leqslant 1$	明确
0.01～0.2	$1 \sim 10^2$	极低 $0 < DV \leqslant 0.5$	>1	非常明确

注 D 为淹没水深；V 为流速。

根据以上对 m_1 值的定量分析[18]，得出建议值见表 5.3。

表 5.3 　　　　　　　　生命损失直接影响因素的灾难严重性程度影响因子建议值

灾难严重性程度因子	轻微	一般	中等	严重	极重
m_1	0～0.2	0.2～0.4	0.4～0.6	0.6～0.8	0.8～1.0

采用 10 个间接影响因素计算灾难严重性程度影响因子 m_1，具体划分见表 5.5。10 个间接影响因素对风险人口死亡率的影响程度分别乘以相应的权重系数再求和可定量估算 m_2，其计算公式为

$$m_2 = \sum_{i=1}^{10} n_i t_i \tag{5.11}$$

式中：n_i 为第 i 个间接影响因素对风险人口死亡率的影响程度，$n_i \leqslant 1$，建议值见表 5.4；t_i 为第 i 个间接影响因素对风险人口死亡率影响程度的权重系数，建议值见表 5.5，其中 $\sum_{i=1}^{10} t_i = 1.0$。

表 5.4 　　　　　　　　间接影响因素对风险人口死亡率的影响程度 n_i 建议值[16]

影响程度 t_i	项　目	0.8～1.0	0.6～0.8	0.4～0.6	0.2～0.4	0.01～0.2
t_1	青壮年所占比例	0～20%	20%～40%	40%～60%	60%～80%	80%～100%
t_2	天气	特大暴雨	暴雨	中、小雨	多云	晴天
t_3	溃决时间	假日凌晨	工作凌晨	假日夜间	工作夜间	白天
t_4	到溃口的距离/km	0～5	5～10	10～20	20～50	>50
t_5	应急措施	极不完备	不完备	一般	完备	极完备
t_6	堤顶高程/m	>30	20～30	10～20	5～10	<5
t_7	下游抗冲能力	极弱	弱	一般	强	极强
t_8	季节、水温环境/℃	<10	10～18	18～22	22～37	>37
t_9	人口避难率	极低	较低	一般	较高	极高
t_{10}	人口撤离率	极低	较低	一般	较高	极高

表 5.5 　　　　　　　　间接影响因素对风险人口死亡率影响程度的权重系数建议值[16]

权重系数	t_1	t_2	t_3	t_4	t_5
建议值	0.19	0.095	0.19	0.19	0.095

权重系数	t_6	t_7	t_8	t_9	t_{10}
建议值	0.051	0.051	0.051	0.051	0.036

采用层次分析法来分析各个生命损失间接影响因素对风险人口死亡率的影响程度权重系数 t_i，针对表 5.4 中的 10 个间接影响因素，给出了式（5.12）所示权重系数的 10×10 的判断矩阵。

通过以上方法对 m_2 进行定量分析[18]，得出生命损失间接影响因素的灾难严重性程度因子的建议值，见表 5.6。

$$\begin{bmatrix} 1 & 2 & 1 & 1 & 2 & 4 & 4 & 4 & 4 & 4 \\ 1/2 & 1 & 1/2 & 1/2 & 1 & 2 & 2 & 2 & 2 & 2 \\ 1 & 2 & 1 & 1 & 2 & 4 & 4 & 4 & 4 & 4 \\ 1 & 2 & 1 & 1 & 2 & 4 & 4 & 4 & 4 & 4 \\ 1/2 & 1 & 1/2 & 1/2 & 1 & 2 & 2 & 2 & 2 & 2 \\ 1/4 & 1/2 & 1/4 & 1/4 & 1/2 & 1 & 1 & 1 & 1 & 2 \\ 1/4 & 1/2 & 1/4 & 1/4 & 1/2 & 1 & 1 & 1 & 1 & 2 \\ 1/4 & 1/2 & 1/4 & 1/4 & 1/2 & 1 & 1 & 1 & 1 & 2 \\ 1/4 & 1/2 & 1/4 & 1/4 & 1/2 & 1 & 1 & 1 & 1 & 2 \\ 1/4 & 1/2 & 1/4 & 1/4 & 1/2 & 1/2 & 1/2 & 1/2 & 1/2 & 1/2 \end{bmatrix} \tag{5.12}$$

表 5.6　　　　生命损失间接影响因素的灾难严重性程度因子建议值

灾难严重性程度因子	极有利	有利	一般	不利	极不利
m_2	0~0.15	0.15~0.35	0.35~0.55	0.55~0.75	0.75~1.0

5.2.2　经济损失评估

经济损失主要包括堤防破坏、蓄滞洪区城镇损害、工程收益损失等。根据损失特征采用适用于估算各类流动资产与固定资产损失的损失率方法[19]估算直接经济损失：

$$E_D = \sum_{i=1}^{n} S_i = \sum_{i=1}^{e} \sum_{j=1}^{h} \sum_{k=1}^{l} \beta_{ijk} W_{ijk} \tag{5.13}$$

式中：E_D 为按损失率计算的直接经济损失；S_i 为第 i 类财产损失；β_{ijk} 和 W_{ijk} 分别为第 i 类第 j 种财产在第 k 种淹没程度下的损失率和财产价值；e 为财产分类数量；h 为第 i 类财产的分类数量；l 为淹没水深等级。可见 β_{ijk}、W_{ijk} 为传递参量，β_{ijk} 需要根据淹没程度予以确定，详见表 5.7；W_{ijk} 需要根据受灾程度选择相应研究范围，再到经济库行政面积中去查找当地经济数据予以确定。此外，间接经济损失与直接经济损失通常存在一个比例关系，这个比例因子大小取决于地理位置、当地经济发展水平、部门或企业类型、溃堤事故的严重性程度等。本章根据文献 [20-21]，取间接经济损失为直接经济损失的 0.63 倍。

表 5.7　　　　　　　　各类财产在不同淹没程度下的损失率[22]

农作物洪灾损失率			
淹没水深/m	0~0.5	0.5~1	1~1.5	>1.5
损失率/%	60	80	95	100

林业洪灾损失率			
淹没水深/m	0~1	1~2	2~3	>3
损失率/%	15	30	40	50

牧业洪灾损失率			
淹没水深/m	0~1	1~2	2~3	>3
损失率/%	15	20	40	60

续表

渔业洪灾损失率			
淹没水深/m	0~1	1~2	2~3	>3
损失率/%	80	100	100	100

工商企业洪灾损失率			
淹没水深/m	0~1	1~2	2~3	>3
损失率/%	10	15	20	30

农用机械洪灾损失率			
淹没水深/m	0~1	1~2	2~3	>3
损失率/%	20	30	40	50

城乡居民房屋洪灾损失率			
淹没水深/m	0~1	1~2	2~3	>3
损失率/%	10	15	20	30

城乡居民家庭财产洪灾损失率			
淹没水深/m	0~1	1~2	2~3	3~4	>4
损失率/%	30	40	60	80	100

各类专项工程设施洪灾损失率（%）				
淹没水深/m	0~1	1~1.5	1.5~2	2~2.5	2.5~3
水利工程	18	22	26	30	34
供电设施	11	26	28	31	34
公路	20	30	30	40	40

5.2.3 生态环境损失评估

由于考虑的因素多且复杂，并且没有统一的风险标准，故目前国内外关于溃堤洪水造成的生态环境损失研究较少。生态环境损失评估方法主要有条件价值评估方法、当量因子法和生态系统服务价值量化方法，简要介绍如下：

（1）条件价值评估方法（Contingent Valuation Method，CVM）。条件价值评估方法[23]是评估环境非使用价值的主要方法，利用该方法评价生态环境损失的本质就是通过问卷调查的方式来统计分析风险区内人口愿意为改善该环境功能的支付意愿，或者是放弃该环境功能的补偿意愿，据此揭示生态环境对于被调查者的价值，即该区域生态环境资源的经济价值[24]。其中，平均支付意愿 E［元/（年/人）］和环境损失量 F 的计算公式分别为

$$E = \sum_{i=1}^{u} A_i P \tag{5.14}$$

$$F = ENG \tag{5.15}$$

式中：A_i 为每人愿意支付的金额；P 为个体选择支付该金额的概率；u 为支付选项的数量；N 为服役年限；G 为人口数量。显然，E 和 F 也为传递参量，需要根据淹没历时来计算生态环境损失随时间的变化情况，再结合具体的淹没区进行计算。

（2）当量因子法。当量因子法较条件价值评估法来说，更为直观、简单且数据量需求

少，特别适用于大范围的生态系统服务价值的评估。在生态价值评估的基础上可构建洪涝灾害与生态环境损失关系，以此来评估因洪水导致生态环境破坏的损失情况。

（3）生态系统服务价值量化方法。谢高地等[25] 和王健[26] 发展了生态系统服务价值量化方法，被广泛应用于样本、区域和国家层面的溃坝造成的生态系统服务功能价值评估。当量因子表中的基础当量是指单位面积生态系统服务功能价值的基础当量，表示不同类型生态系统单位面积上各类服务功能年均价值当量，见表5.8。

表 5.8　　　　　　　　　　　　单位面积生态系统服务价值当量[25]

生态系统分类		供给服务			调节服务				支持服务			文化服务
一级分类	二级分类	食物生产	原料生产	水资源供给	气体调节	气候调节	净化环境	水文调节	土壤保持	维持养分循环	生物多样性	美学景观
农田	旱地	0.85	0.40	0.02	0.67	0.36	0.10	0.27	1.03	0.12	0.13	0.06
	水田	1.36	0.09	−2.63	1.11	0.57	0.17	2.72	0.01	0.19	0.21	0.09
森林	针叶	0.22	0.52	0.27	1.70	5.07	1.49	3.34	2.06	0.16	1.88	0.82
	针阔混交	0.31	0.71	0.37	2.35	7.03	1.99	3.51	2.86	0.22	2.60	1.14
	阔叶	0.29	0.66	0.34	2.17	6.50	1.93	4.74	2.65	0.20	2.41	1.06
	灌木	0.19	0.43	0.22	1.41	4.23	1.28	3.35	1.72	0.13	1.57	0.69
草地	草原	0.10	0.14	0.08	0.51	1.34	0.44	0.98	0.62	0.05	0.56	0.25
	灌草丛	0.38	0.56	0.31	1.97	5.21	1.72	3.82	2.40	0.18	2.18	0.96
	草甸	0.22	0.33	0.18	1.14	3.02	1.00	2.21	1.39	0.11	1.27	0.56
湿地	湿地	0.51	0.50	2.59	1.90	3.60	3.60	24.23	2.31	0.18	7.87	4.73
荒漠	荒漠	0.01	0.03	0.02	0.11	0.10	0.31	0.21	0.13	0.01	0.12	0.05
	裸地	0	0	0	0.02	0	0.10	0.03	0.02	0	0.02	0.01
水域	水系	0.80	0.23	8.29	0.77	2.29	5.55	102.24	0.93	0.07	2.55	1.89
	冰川积雪	0	0	2.16	0.18	0.54	0.16	7.13	0	0	0.01	0.09

以生态系统单位面积生态服务系统当量表为基础，生态系统服务价值量化方式为表5.8 中价值当量与单位农田生态系统粮食产量提供的经济价值的乘积，结合社会经济发展状况，对研究区的单位面积生态系统提供的服务功能进行经济价值量化：

$$E_a = \frac{1}{7} \sum_{i=1}^{n} \frac{m_i p_i q_i}{M} \tag{5.16}$$

式中：E_a 为单位农田生态系统粮食产量提供的经济价值，元/hm²；i 为第 i 种粮食种类；p_i 为第 i 种粮食作物全国平均价，元/kg；q_i 为第 i 种粮食作物的产量，kg/hm²；m_i 为第 i 种作物粮食作物面积，hm²；M 为各种粮食作物播种的总面积，hm²。

对应的生态系统服务价值损失 F 计算公式为

$$F = RATE_{loss} ESV \tag{5.17}$$

式中：ESV 为生态系统服务价值；$RATE_{loss}$ 为不同淹没水深下各类生态价值损失率。

一般情况下，根据研究区域已经发生过的历史洪水，进行灾后区域调查，统计因洪水导致生态环境破坏的损失情况，建立洪水与受灾体损失率的函数关系式，其次是参考与研究区域情况相类似的其他洪水灾害调研数据成果，与所研究区域具体情况相结合，估算生态环境损失率。

5.3 三角联圩工程应用

5.3.1 地形概化及模型构建

三角联圩位于九江市永修县境内东南部，其保护区域数字高程模型如图 5.1 所示，采用我国大地坐标系（CGCS2000＿3＿degree＿Gauss＿Kruger＿CM＿117E），四周地势高，中间低，地势较高区域基本为住宅区。模型计算范围为整个三角联圩保护区域，为使得在边界处有更好拟合效果，网格剖分采用三角形网格，在部分地形较为复杂的区域可以进行加密处理，保证模型计算不易失稳，对应的模型网格文件如图 5.2 所示，然后将三角联圩地形文件内插到网格节点后，重新优化模型网格结构，使在每个单独的网格代表的地形区域内高程变化范围较小，增加模型计算精度。将东南部三角联圩溃口作为进洪边界，北部三角联圩和西部陆地作为物理边界。

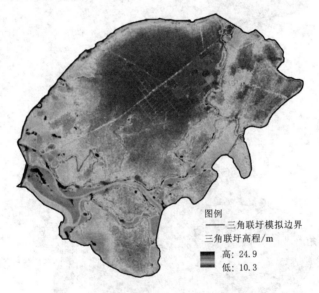

图例
——三角联圩模拟边界
三角联圩高程/m
■ 高：24.9
低：10.3

图 5.1　三角联圩保护区域数字高程模型

决口发生在桩号 27k＋880～28k＋010 处，位于九江市永修县三角乡、永丰垦殖场和南昌市新建区大塘坪乡交界处。2020 年 7 月 12 日 19 时 40 分，被群众发现时已有 20 余 m 决口，溃堤后，圩内平均水位在 0.5h 内上涨 0.5m 多，由于洪水冲刷，溃口迅速扩大，截至 7 月 13 日 10 时，三角联圩决口长度已经扩大到 200 余 m，并于 7 月 14 日 14 时启动封堵作业，7 月 16 日 21 时 43 分，江西省九江市三角联圩完成合龙。为了方便对三角联圩区域进行研究分析，将该保护区域分为四个片区：三角联圩南部片区、北部片区、东部片区和西部片区。同时在每个片区内设置四个特征点（即自然村），溃口发生在三角联圩南部片区下方，如图 5.3 所示。由于 MIKE 21 软件无法在模型计算过程中调整溃口大小，因此溃口大小设定为固定值，通过流量的变化反映整个溃决进洪过程。图 5.4 为最终的溃口几何形状，顶部宽度为 200m，溃口平均深度为 9.5m，底部高程为 15.20m。

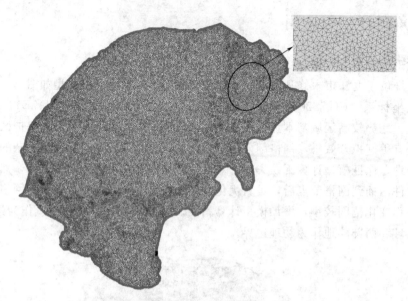

图 5.2　三角联圩模型网格文件

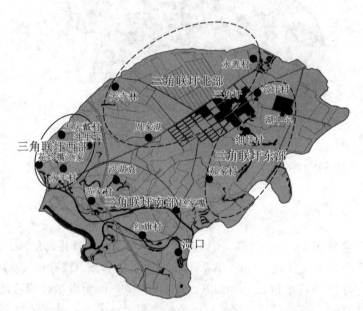

图 5.3　三角联圩区域特征点和溃口位置

为了准确模拟三角联圩保护区域实际地形条件，采用 MIKE 21 FM 模型中的二维水流模型基本控制方程组，见式（5.1）～式（5.3）。涉及的物理参数（包括边界条件、网格形式、初始高度、涡黏系数）以及经率定后的糙率取值分别见表 5.9 和表 5.10。

表 5.9	洪水演进数值模型主要物理参数取值[27]	
模型参数	三角联圩保护区域参数取值	含 义
模块	MIKE 21 FM 水动力模块	模型模块
地形文件	江西省三角联圩保护区域 (CGCS2000 _ 3 _ degree _ Gauss _ Kruger _ CM _ 117E)	高程数据
模拟时间	2020 年 7 月 12 日 19 时至 17 日 0 时	模型的总模拟时间,应至少 大于整个进洪过程
步长和步数	步长为 360s,步数为 1010 步	主要用于模拟结果的输出频率
干湿边界	干枯深度 0.01m;水淹深度 0.05m	避免模型运算失稳
网格形式	三角形网格(15548 个节点,30481 个单元)	方便在模型边界或者局部加密
初始高度	为圩内地表高程	初始水面高度的设置
边界条件	上边界为溃口处流量;下边界为物理不透水边界	边界条件设定
涡黏系数	采用 Smagorinsky 公式	表征水流在时空上不确定性过程
糙率	糙率取值见表 5.10,对应空间分布情况见图 5.5	受下垫面情况影响

本模型采用曼宁公式计算,曼宁系数反映河床对于水流的阻力作用[28],它对水流具有极大的影响,也是二维水动力模型的一个主要参数。一般曼宁系数随着下垫面土地利用情况的不同而不同,注意曼宁

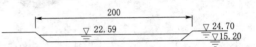

图 5.4 三角联圩最终溃口的几何形状(单位:m)

系数为糙率的倒数。本模型中糙率按照下垫面分布情况,并参照及相关经验进行率定选取[29],三角联圩区的土地利用类型主要可分为旱地、水田、草地、滩地、居民区和水面 6 种,糙率率定取值见表 5.10,三角联圩曼宁系数分布如图 5.5 所示。

表 5.10		糙 率 率 定 取 值 表[29]			
序号	土地利用类型	糙率取值	序号	土地利用类型	糙率取值
1	旱地	0.07	4	滩地	0.055
2	水田	0.05	5	居民区	0.07
3	草地	0.04	6	水面	0.021

接着,从以下两个方面说明所开发的溃堤洪水演进模拟方法在三角联圩保护区域中的有效性:

(1)三角联圩溃口合龙后的实测淹没面积 56.28km²,模型计算的淹没面积为 56.15km²,相差 0.13km²,基本满足计算精度要求。

(2)图 5.6 比较了本章所建模型计算的淹没水位过程线和溃口区域内实测淹没水位过程线。由图 5.6 可知,淹没历时 25~35h,水位实测值比水位模拟值大,在水位基本不变后,地理坐标点(390986,3212848)水位模拟值为 22.65m,水位实测值为 22.58m,可见水位过程线较为吻合,表明基于 MIKE 21 软件能够合理模拟三角联圩保护区域内溃堤洪水演进过程。

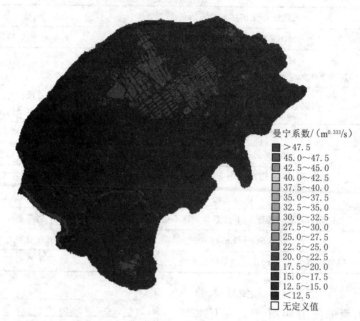

图 5.5　三角联圩曼宁系数参数分布

5.3.2　溃堤洪水演进过程分析

图 5.7 给出了三角联圩溃口流量随溃决时间的变化情况。由图 5.7 可知，2020 年 7 月 12 日 19 时为图 5.7 中的 0 时刻，在 7 月 12 日 19 时 40 堤防发生溃决，随后堤防溃口长度逐渐扩大至最大值 200m，溃堤后的 21h 内流量从 0 急剧增加到最大值 1724m³/s，随后流量开始下降，于 7 月 14 日 14 时（于 43 时）启动封堵作业，7 月 16 日 21 时 43 分三角联圩决口完成合龙，流量接近于 0，整个三角联圩保护区域进洪过程在 98h 内完成。三角联圩区域内水位达到 22.63m，与溃口外的水位基本齐平。

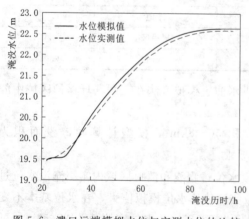

图 5.6　溃口远端模拟水位与实测水位的比较

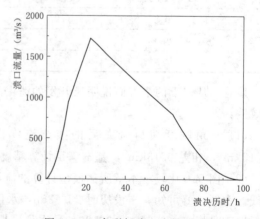

图 5.7　三角联圩溃口流量过程线

为进一步说明溃堤洪水演进的淹没过程，在三角联圩区域内设置了 16 个自然村特征点，对应地理坐标及所属区域见表 5.11。图 5.8 给出了 6 个典型分洪时段的淹没水深分布。可见，洪水在决堤后 10h 内到达南部片区，虽然红旗村处于溃堤口附近，但是红旗村的地势较高，在溃决 40h 内受灾情况较轻，由于三角联圩北部片区地势较低，洪水在 20h 内向周家湖、三角圩等村庄挺进，溃堤 40h 后，三角联圩内北部片区基本被淹没，洪水向东西部逐渐蔓延，由图 5.8（c）可知，三角联圩区域内的水深高达 5.2m。溃堤 60h 后，三角联圩北部片区淹没水深最高达 6.0m，溃堤 80h 后，三角联圩的西部片区比东部片区地势较高，东部区域淹没深度最深达到 6.5m，而西部区域仍旧有部分地区未被淹没，进洪 100h 后，绝大部分区域已经被淹没，需要尽快对圩内居民进行避险转移抢险救援。

表 5.11　　　　　三角联圩自然村特征点地理坐标及所属区域表

特征点序号	X 坐标/m	Y 坐标/m	行政村（自然村）	所属区域
1	389353.85	3215247.89	沙湖袁	南部片区
2	388594.59	3214444.40	范家村	
3	390275.31	3213202.34	红旗村	
4	391438.02	3214091.99	赵家嘴	
5	389324.55	3218786.31	天寺林	北部片区
6	393942.26	3219720.40	永善村	
7	390470.12	3216862.79	周家湖	
8	393166.78	3217800.39	三角圩	
9	395151.03	3217906.91	湖中心	东部片区
10	392529.28	3215349.62	郝家村	
11	394099.64	3218493.90	邻圩村	
12	393770.88	3216991.38	细圩村	
13	387448.35	3216953.49	五房戴村	西部片区
14	386872.78	3215815.90	花坽嘴江家	
15	388528.29	3216589.28	井里王	
16	388166.51	3215607.54	永丰村	

注　表中采用我国大地坐标系（CGCS2000_3_degree_Gauss_Kruger_CM_117E）。

5.3.3　溃堤洪水淹没信息统计

在三角联圩溃决前，圩区内淹没水位为地面高程，决口完成合龙时，圩区内总流量为 2.89 亿 m^3，淹没面积为 56.15km²，圩区内基本被淹没，受灾严重。根据水深和淹没面积，可以将三角联圩受灾区域划分为非灾区、轻灾区、中灾区、严重灾区和危险灾区，见表 5.12。水深 0.5m 以下的轻灾区和非灾区可作为人员或物资安置区。轻灾区、中灾区和严重灾区分别占 0.27%、0.43% 和 2.01%，而危险灾区占比最大，占 97.07%，相应的淹没面积为 54.63km²。表明三角联圩内绝大部分地区受洪水影响严重，洪水未到达的地区面积仅为 0.13km²，这些区域也可视作紧急安全区进行人员和物资安置。

表 5.12 溃堤洪水淹没面积统计

淹没水深/m	淹没面积/km²	所占百分比/%	淹没水深/m	淹没面积/km²	所占百分比/%
非灾区（=0）	0.13	0.23	严重灾区（1.0~2.0）	1.13	2.01
轻灾区（≤0.5）	0.15	0.27	危险灾区（>2.0）	54.63	97.07
中灾区（0.5~1.0）	0.24	0.43			

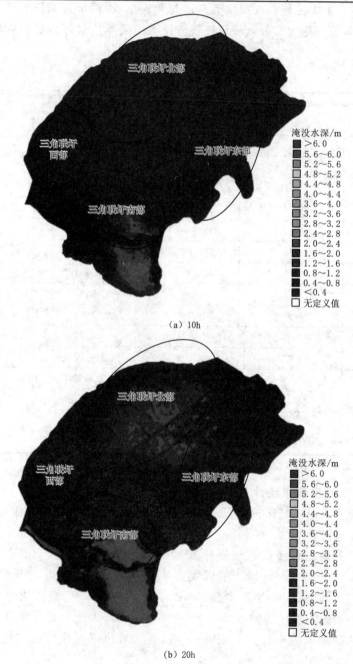

（a）10h

（b）20h

图 5.8（一） 不同时段的淹没水深分布

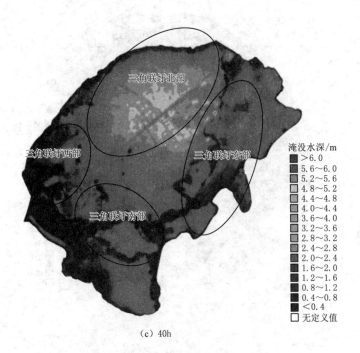

（c）40h

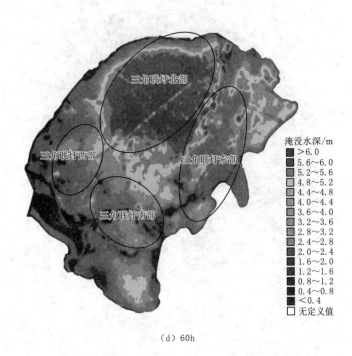

（d）60h

图 5.8（二）　不同时段的淹没水深分布

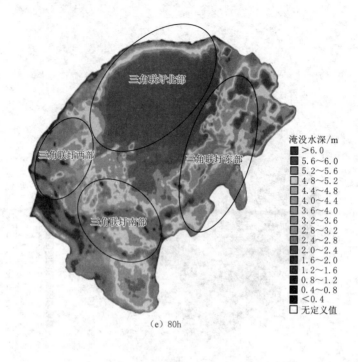

（e）80h

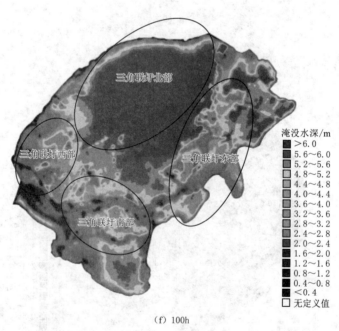

（f）100h

图 5.8（三） 不同时段的淹没水深分布

此外，还可以获取三角联圩中 16 个自然村特征点的淹没水深和流速分布情况。图 5.9 给出了 16 个自然村的淹没水深和流速随洪水淹没的变化趋势。同时，表 5.13 统计了 16 个自然村对应的洪水淹没数据。根据水深和流速分布，可以得出洪水到达指定点的时间、最大水深和洪水流速以及峰现时间。洪水到达指定点的时间往往决定了组织群众安全撤离的剩余时间，一般来说距离撤退路线或者圩堤内安置点较近的所需时间短，可以通过分析洪水到达指定特定点的时间来初步判断圩内居民撤离安排顺序。最大水深和洪水流速很大程度上代表了该地区的损失情况以及灾后修复的难易程度。地形起伏越大，该区域的

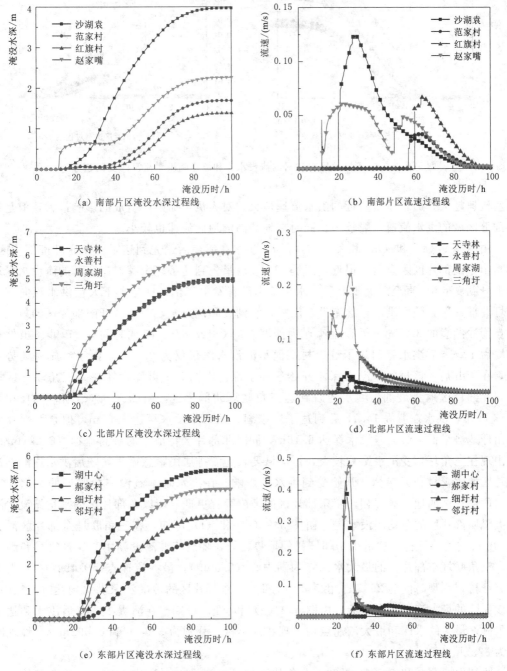

（a）南部片区淹没水深过程线　　　　（b）南部片区流速过程线

（c）北部片区淹没水深过程线　　　　（d）北部片区流速过程线

（e）东部片区淹没水深过程线　　　　（f）东部片区流速过程线

图 5.9（一）　不同片区自然村的淹没水深和流速随洪水淹没的变化趋势

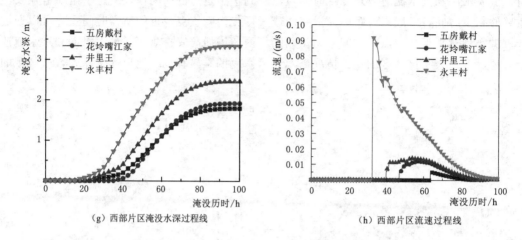

（g）西部片区淹没水深过程线　　　　　　　　（h）西部片区流速过程线

图 5.9（二）　不同片区自然村的淹没水深和流速随洪水淹没的变化趋势

洪水流速越大，通常溃口附近的洪水流速最大，对人员生命财产造成的影响最大，但是绝大部分区域的洪水流速一般较小，同时在地势高的地区流速也较小。

由图 5.9（a）和（b）和表 5.13 可知，洪水在溃堤后最先到达了三角联圩南部片区，这是由于南部片区距离溃口很近，溃堤 11.4h 后最先到达了赵家嘴，赵家嘴的淹没水深逐渐上升到 0.6m，直至溃决 40h 后，水深基本没有发生变化，这是由于大量洪水流向三角联圩北部片区，随后洪水相继淹没红旗村、沙湖袁和范家村，三角联圩南部片区的最大水深点为沙湖袁的 3.97m，最高流速点为沙湖袁的 0.123m/s，峰现时间为 27.9h。虽然在溃堤后 12.6h 后洪水就到达了红旗村，但是淹没水深仅仅为 0.01m，由于红旗村地势较高，在 40h 后，该村的淹没水深才开始逐渐上涨。由图 5.1 可知，在整个三角联圩区域中，北部片区地势最低，洪水随后到达三角联圩北部片区，由图 5.9（c）和（d）和表 5.13 可知，洪水在溃堤 14.7h 后到达了周家湖，最大淹没水深达 3.65m，但是北部片区三角圩地势最低，最大淹没水深达 6.16m，同时北部片区特征点的最高流速（0.221m/s）也出现在三角圩，受洪水影响较大，该区域要首先安排居民紧急撤离，随后洪水逐渐到达该片区的永善村和天寺林，开始受到洪水的影响。在洪水基本淹没三角联圩的北部片区后，西部片区的地表高程相较于东部片区的地表高程更低，所以东部片区的平均淹没水深要大于西部片区的平均淹没水深。由图 5.9（e）和（f）可知，在三角联圩东部片区溃堤 21.9h 后到达邻圩村，这是由于邻圩村的地势较低，随后相继淹没湖中心、郝家村和细圩村，三角联圩东部片区的最大水深点为湖中心（5.50m），最高流速点（0.494m/s）出现在邻圩村，峰现时间为 26.7h。由表 5.13 可知，东部片区的圬嘴江家洪水到达时间较晚，且该片区的最大淹没水深较低，由图 5.9（g）和（h）可知，在溃堤 16.4h 后洪水到达了永丰村，最大的水深和最大流速点均出现在永丰村，分别为 3.34m 和 0.092m/s，峰现时间为 32.7h。

此外由图 5.9 和表 5.13 可知，北部片区的平均淹没水深高达 4.94m，是四个片区平均淹没水深最大的区域，故该地区受灾情况较为严重，同时南部片区的赵家嘴为洪水最早到达的地点，安全撤离时间少，居民转移救援任务重，该地方人员需要提前安排撤离，西部片区作为三角联圩人口最为密集的区域，并且该片区的最大淹没水深和流速峰值较低，可以在西部片区建立安全区，作为紧急避难和储存物资的区域，减缓救援压力，以上溃堤洪水演进模拟结果可以更好地指导安排抗洪救援抢险，为编制应急预案、人口撤离提供最为重要的数据支撑。

表 5.13   自然村洪水淹没数据

特征点序号	行政村（自然村）	所属行政区域	洪水到达时间/h	最大淹没水深/m	流速峰值/(m/s)	峰现时间/h
1	沙湖袁		14.5	3.97	0.123	27.9
2	范家村	南部片区	16.6	1.69	0.033	61.9
3	红旗村		12.6	1.38	0.067	63.8
4	赵家嘴		11.4	2.26	0.061	22.1
5	天寺林		19.1	5.02	0.036	25.3
6	永善村	北部片区	17.4	4.94	0.025	27.5
7	周家湖		14.7	3.65	0.067	31.6
8	三角圩		15.0	6.15	0.221	27.3
9	湖中心		23.0	5.50	0.431	24.9
10	郝家村	东部片区	24.1	2.92	0.034	44.3
11	邻圩村		21.9	4.80	0.494	26.7
12	细圩村		25.4	3.77	0.033	31.4
13	五房戴村		24.0	1.80	0.005	63.6
14	花垱嘴江家	西部片区	35.2	1.92	0.012	54.2
15	井里王		20.4	2.47	0.014	51.9
16	永丰村		16.4	3.34	0.092	32.7

5.3.4 溃堤洪水损失评估

进行生命损失计算时，分别设定不同的预警时间和对洪水严重性的理解程度参数，采用式（5.5）计算出生命损失 LOL 动态变化情况，计算结果如图 5.10 所示，最终时间的生命损失统计数据见表 5.14。由图 5.10 可知，预警时间在 0.25h 以下且居民对洪水严重性的理解程度为模糊情况下，生命损失高达 454 人，但是在保证预警时间足够长，且居民对洪水严重性的理解程度明确情况下，生命损失骤降到 2 人。随着预警时间的增大，生命损失不断减少，由图 5.10（a）和（b）可知，预警时间在 0.25h 以下，生命损失骤增，同时居民对洪水严重性的理解程度也对生命损失起着决定性因素。同等预警时间情况下，对比图 5.10（a）和（b），明确情况下，居民更为安全。受到洪水影响的人群被定为风险人群，由图 5.10（c）可知，在溃决到 10h，风险人群的数量才开始增长，这是由于在 10h 前，洪水还未淹没到有居民居住的区域，然后风险人群开始不断增加，直至风险人群累计增加到最大值 21037 人。

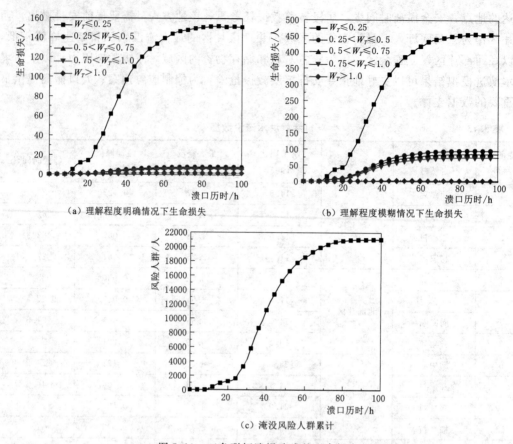

图 5.10　三角联圩溃堤造成的生命损失

表 5.14　　　　不同情况下三角联圩溃堤最终造成的生命损失统计数据

W_T/h	UD	生命损失/人	不同 UD 对应的损失变化值/人
$W_T \leqslant 0.25$	明确	151	303
	模糊	454	
$0.25 < W_T \leqslant 0.5$	明确	8	88
	模糊	96	
$0.5 < W_T \leqslant 0.75$	明确	7	78
	模糊	85	
$0.75 < W_T \leqslant 1.0$	明确	6	69
	模糊	75	
$W_T > 1.0$	明确	2	1
	模糊	3	

　　接着基于三角联圩土地利用类型分布数据，采用式（5.13）进行经济损失计算，对应的损失率与淹没水深关系见表 5.15，计算结果如图 5.11 所示。由图 5.11（a）可知，直接经济损失随溃口历时的增加而不断增加。根据图 5.11（a）和（b）可知，居民住房的

直接经济损失最大，高达 2.86 亿元，其次为家庭财产直接经济损失为 1.51 亿元，耕地直接经济损失为 0.81 亿元，道路修复直接经济损失为 0.64 亿元，渔业直接经济损失为 0.48 亿元，水浇地直接经济损失为 345.3 万元。由图 5.11（c）可知，直接经济损失为 6.33 亿元，间接经济损失为 1.08 亿元，总经济损失高达 7.41 亿元，三角联圩区域内的总经济损失分布情况如图 5.11（d）所示。

表 5.15	洪灾损失率与淹没水深关系				%
项目	淹没水深等级				
	0.05~0.3m	0.3~0.5m	0.5~1.0m	1.0~2.0m	>2.0m
渔业	80	80	80	100	100
耕地	20	24	41	59	93
水浇地	20	24	41	59	93
居民住房	0	1	4	17	23
家庭财产	0.5	3	10	28	38
道路	1	2	7	19	34

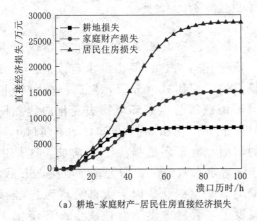

（a）耕地-家庭财产-居民住房直接经济损失　　　（b）道路-渔业-水浇地直接经济损失

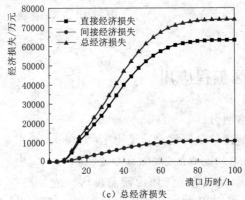

（c）总经济损失

图 5.11（一）　三角联圩溃堤造成的经济损失

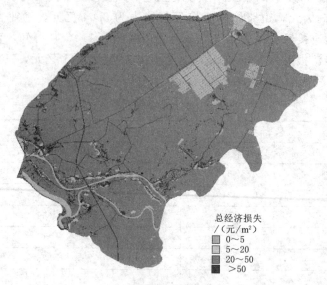

（d）溃堤造成的总经济损失分布

图 5.11（二） 三角联圩溃堤造成的经济损失

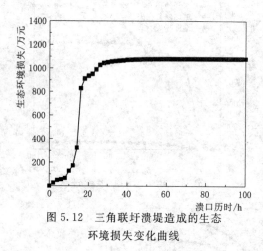

图 5.12 三角联圩溃堤造成的生态
环境损失变化曲线

最后，采取式（5.17）生态系统服务价值量化方法评估溃堤洪水造成的生态环境损失，利用式（5.17）生态损失的当量因子法获得的生态环境损失变化曲线如图 5.12 所示。由图 5.12 可知，随着溃口历时的增加，生态环境损失不断增加，这是由于随着洪水淹没区域增大，在溃决 36h 后，损失不发生变化，因为大部分区域已经被淹没了，后续进洪不会造成生态环境损失继续增大，最终生态环境损失为 1079.8 万元。

5.4 康山蓄滞洪区工程应用

5.4.1 地形概化及网格剖分

康山蓄滞洪区基础地理信息数据比例尺为 1：10000，地形采用国家大地 2000 坐标系（China Geodetic Coordinate System 2000，CGCS2000），并统一采用 1985 国家高程基准，如图 5.13 所示。模型计算范围为整个康山蓄滞洪区，取北面康山大堤的爆破扒口为进洪与退洪边界，取北面康山大堤及南面陆地为物理边界。为了准确模拟实际地形条件，采用 MIKE 21 软件的 FM 非结构化网格进行建模。其中，蓄滞洪区网格剖分情况如图 5.14 所示。涉及的物理参数（包括边界条件、网格形式、初始表面高度、涡黏系数）以及经率定后的糙率取值分别见表 5.16 和表 5.17。为通过溃堤洪水演进模拟获得溃口流量变化过程和蓄滞洪区淹没信息，分别采用式（5.1）和式（5.2）建立康山蓄滞洪区水流运动平面二维非恒定数学模型，并利用有限体积法进行求解。

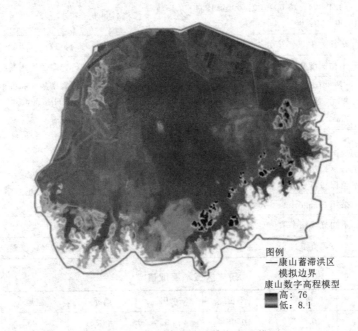

图 5.13　康山蓄滞洪区数字高程模型

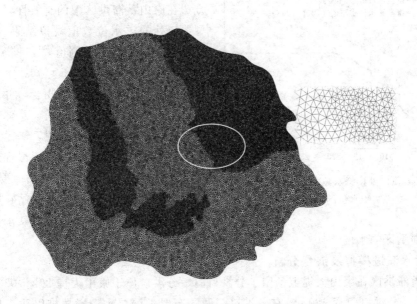

图 5.14　蓄滞洪区网格剖分情况

表 5.16　　　　　　　　　　康山蓄滞洪区物理参数取值

参　数	康山蓄滞洪区取值	涵　义
模块	水动力模型	模型模块
地形文件	江西省鄱阳湖水利枢纽建设办公室提供	地图信息
模拟时间	1954－04－15 00：00：00 至 1954－04－18 00：00：00	模拟时间步长和步数
时间步长和步数	步长为 120s，步数为 2160	时间步长、时间步数
干湿边界	干枯深度 0.01m；水淹深度 0.05m	使计算平稳进行，避免浅水效应
网格形式	FM 非结构化网格（58095 个节点，63880 个单元，最大网格面积不超过 0.01km²）	对居民区、建筑物密集区和种植区加密处理（最大间距 300m，最小间距 26m）
初始表面高度	2m	初始水面高度的设置
边界条件	上边界条件根据最不利原则选取康山站历史最高水位 22.55m（黄海 20.68m）作为分洪口门（溃口）的分洪水位，分洪后水位保持不变；下边界为陆地边界	边界条件设定
涡黏系数	采用 Smagorinsky 公式[6] 进行计算	涡黏系数计算方法
糙率	不同分区糙率取值见表 5.17	阻力系数的设置方式、类型和数值
源汇	上边界流量过程	设置源汇项目及所在网格位置

表 5.17　　　　　　　　　　研究区域糙率取值[30]

下垫面	村庄	树丛	旱田	水田	道路	空地	河道
糙率 n	0.07	0.065	0.06	0.05	0.035	0.035	0.025～0.035

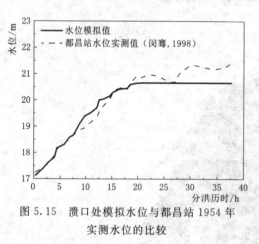

图 5.15　溃口处模拟水位与都昌站 1954 年
实测水位的比较

为了验证本章开发的溃堤洪水演进模拟方法在康山蓄滞洪区中的有效性，本章将模型溃口处的洪水位数值模拟结果与 1954 年都昌水文站的洪水实测值[31] 进行对比，如图 5.15 所示。由图 5.15 可知，洪水位上升部分模拟值与实测值非常吻合，并且与到达最大洪水位的时间相差不大，总体来说所开发方法的模拟结果较为理想，满足计算精度要求。需要说明的是，在汛期出现最高水位时，都昌站水位实测值比模拟值要高 0.5m 左右，这主要是因为都昌水文站在康山蓄滞洪区上游，即鄱阳湖区上游，其水位通常高于康山蓄滞洪区的水位。

5.4.2　洪水演进模拟及流量分析

康山蓄滞洪区在康山大堤上预留了分洪口门，分洪口位于康山大堤 20k＋070～20k＋450 桩号处，分洪口门宽 380m，在分洪口门两端布置了深层水泥搅拌桩以防止口门无限制扩大。

根据国家防汛抗旱总指挥部《关于印发长江洪水调度方案的通知》（国汛〔1999〕10号），当鄱阳湖湖口站水位达到 20.59m（对应的康山站水位 20.68m）时，需要采用人工爆破的方式将预留溃口扒开，口门底宽为 12.5m。口门爆破并冲刷扩大的历程按 2h 计，图 5.16 为最终的溃口几何形状，顶部宽度为 380m，底部宽度为 300m。参考《江西省鄱阳湖蓄滞洪区安全建设工程可行性研究报告》关于规划口门底高程的取值方法，取口门底部高程为 15.93m。口门结构参数和

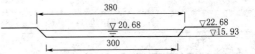

图 5.16　康山最终溃口几何形状（单位：m）

口门发展时间结合当地或类似地区已发生的实际溃决调查资料合理确定。不考虑区间降雨引起的分洪口门变化，得到的溃口流量变化过程如图 5.17 所示。由图 5.17 可知，堤防溃决后，溃口流量在 2h 内达到最大值 14000m³/s，24h 后流量开始下降，48h 完成进洪，此时蓄滞洪区内水位高达 20.68m，溃口进洪量为 0。

在康山蓄滞洪区的康山乡、瑞洪镇、大塘乡、三塘乡、石口镇古竹片区、康山垦殖场这 6 个行政区的 23 个行政村内布置了 23 个特征点，特征点的布置及溃口位置如图

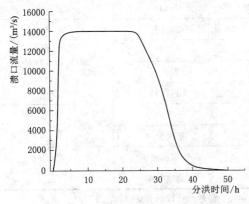

图 5.17　康山大堤溃口流量过程

5.18 所示，地理坐标及所属行政区域见表 5.18。图 5.19 给出了采用所开发方法计算的研究区域内 6 个典型时段的淹没水深图。由图 5.19（a）可知，溃堤 1h 后洪水淹没了康山垦殖场、大湖管理局、大塘乡和石口镇，洪水在 12h 内向瑞洪镇挺进，24h 内向康山乡挺进，24h 后向三塘乡挺进。由于康山垦殖场和康山乡距离分洪口门较近，故这两处受洪水影响较大，流速最大高达 1.0m/s。36h 后除东南面外，其余区域基本被洪水淹没。由图 5.19（e）可知，分洪结束时蓄滞洪区平均淹没水深达 6.9m，其中康山垦殖场和石口镇部分区域的淹没水深高达 7.9m。

表 5.18　　　　　　　　康山蓄洪区特征点地理坐标及所属行政区域表

特征点序号	X 坐标/m	Y 坐标/m	行政村（自然村）	所属行政区域
1	444748.68	3196918.23	大山村	康山乡
2	443867.64	3196676.52	府前村	
3	444464.22	3196233.90	金山村	
4	444073.51	3195845.03	王家村	
5	444217.27	3185863.26	西岗村	瑞洪镇
6	443604.66	3184107.77	罗家村	
7	444967.49	3183846.48	把下村	
8	446000.96	3184522.73	东三村	

续表

特征点序号	X 坐标/m	Y 坐标/m	行政村（自然村）	所属行政区域
9	449540.85	3184732.86	大湖村	
10	451889.11	3185076.29	陈家塘村	大塘乡
11	452307.83	3185247.71	南垅村	
12	452522.04	3183343.84	富源坂村	
13	454708.38	3182929.13	魏家村	
14	456503.04	3184665.34	余家桥村	三塘乡
15	458970.88	3185405.83	马山村	
16	461245.11	3186982.62	刘埠村	
17	454834.25	3187189.57	西村	石口镇古竹片
18	457435.05	3188901.17	湖滨村	
19	459458.98	3190896.23	古竹村	
20	459577.29	3194360.45	里溪卢家	
21	458074.36	3195576.76	里溪分场	康山垦殖场
22	459506.23	3196947.94	甘泉洲分场	
23	445908.22	3191640.07	插旗分场	

注 表中采用 CGCS2000 坐标系，地理坐标原点为包括海洋和大气的整个地球的质量中心。

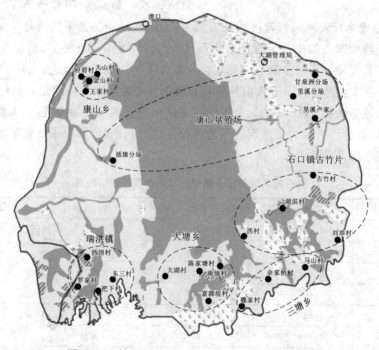

图 5.18 康山蓄滞洪区特征点的布置及溃口位置

5.4.3 洪水淹没信息统计

康山大堤分洪口门宽 380m，口门底部高程 15.9m。分洪前，蓄洪底部水位为 15.1m，除去水域面积约有 69km² 被淹没。整个分洪历时 2d，分洪任务为 16.58 亿 m³，洪水演进模拟计算的总淹没面积为 288km²。按照淹没严重程度对淹没区域进行分区，危险区淹没水深大于 2.0m，重灾区为 1.0～2.0m，中灾区为 0.5～1.0m，轻灾区小于 0.5m，

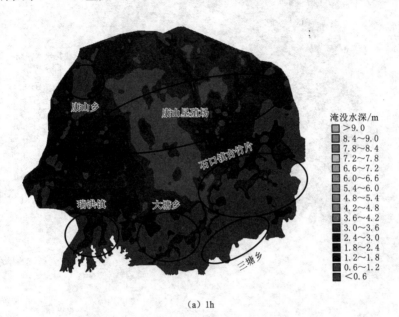

(a) 1h

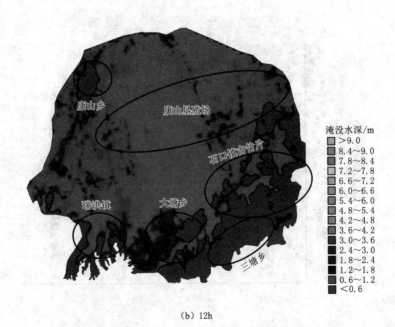

(b) 12h

图 5.19 (一)　不同时段的淹没水深分布

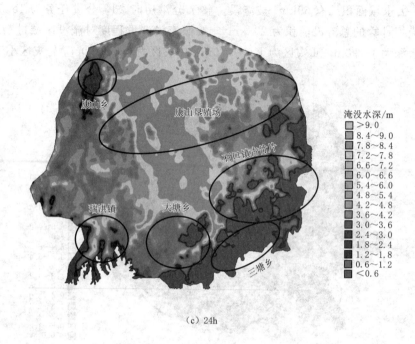

（c）24h

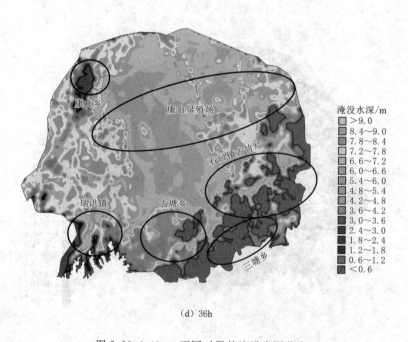

（d）36h

图 5.19（二）　不同时段的淹没水深分布

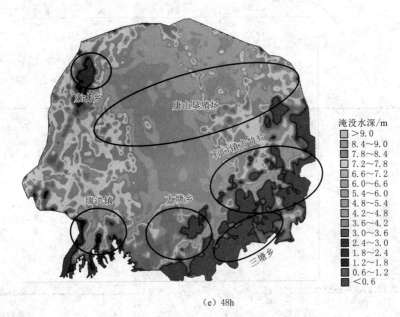

（e）48h

图 5.19（三）　不同时段的淹没水深分布

各分区的淹没面积统计见表 5.19。其中安全区是洪水未到达区域，该区域是人员转移安置区，未列在表 5.19 中。

表 5.19　　　　　　　　　　　溃堤洪水淹没面积统计

淹没水深/m	淹没面积/km²	所占百分比/%	淹没水深/m	淹没面积/km²	所占百分比/%
轻灾区 （≤0.5）	1.92	0.66	重灾区 （1.0~2.0）	5.09	1.77
中灾区 （0.5~1.0）	2.36	0.82	危险区 （>2.0）	278.63	96.75

由表 5.19 可知，轻灾区、中灾区和重灾区所占淹没面积百分比较小，分别为 0.66%、0.82% 和 1.77%。危险区淹没面积为 278.63km²，占总淹没面积的 96.75%，可足以说明这种高水位溃堤洪水将会对蓄滞洪区造成巨大的损失。接着，将计算结果文件导入 ArcGIS，得到安全区域（洪水未到达区域）的面积为 24.37km²，安全楼可以建在这些安全区域，作为人员安置区。通过数值模拟得到各分区的位置分布和面积大小，可为康山蓄滞洪区洪水风险分析、抗洪抢险以及人员避险转移等提供可靠的数据支撑。

5.4.4　淹没水深与流速分析

以康山乡、大塘乡、三塘乡、石口镇古竹、康山垦殖场片区内 23 个特征点为例，分析蓄滞洪区淹没水深及流速的变化过程，如图 5.20 所示，从中可获取洪水到达特征点的耗时、特征点最大淹没水深、流速峰值和峰现时间等信息。

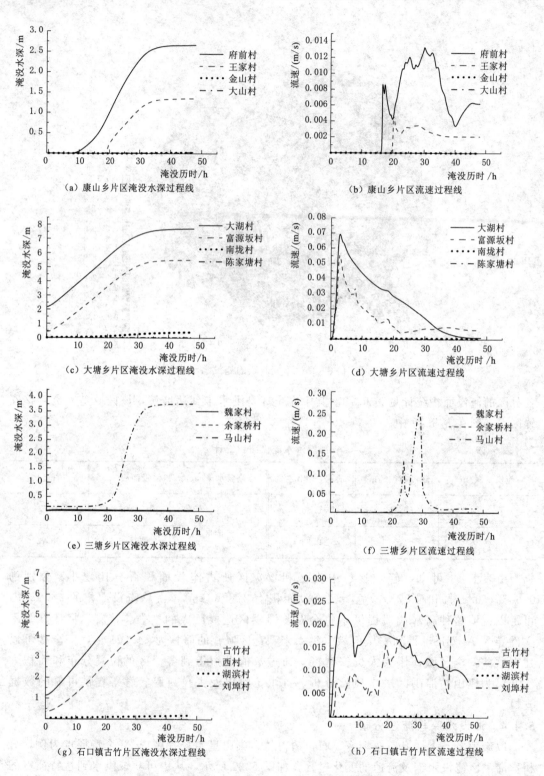

图 5.20（一） 不同片区特征点淹没水深及流速的变化过程

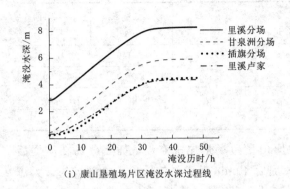

(i) 康山垦殖场片区淹没水深过程线

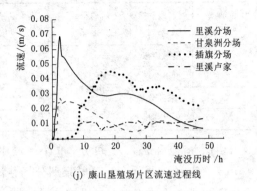

(j) 康山垦殖场片区流速过程线

图 5.20（二）　不同片区特征点淹没水深及流速的变化过程

通过对比分析图 5.19 和图 5.20 可知，洪水到达 23 个特征点的耗时、23 个特征点最大淹没水深、流速峰值及峰现时间的具体数值，见表 5.20。

表 5.20　　　　　　　　　　特征点洪水淹没信息统计

特征点序号	行政村（自然村）	所属行政区域	洪水到达特征点耗时/h	最大淹没水深/m	流速峰值/(m/s)	峰现时间/h
1	大山村	康山乡	—	—	—	—
2	府前村		16.42	2.65	0.0133	30.33
3	金山村		—	—	—	—
4	王家村	瑞洪镇	19.00	1.37	0.0049	20.17
5	西岗村		9.03	4.55	0.0284	20.00
6	罗家村		10.00	3.03	0.0536	24.50
7	把下村		—	—	—	—
8	东三村		14.70	3.50	0.0133	43.83
9	大湖村	大塘乡	0.80	7.65	0.0731	2.67
10	陈家塘村		—	—	—	—
11	南垅村		—	—	—	—
12	富源坂村		1.00	5.47	0.0592	2.83
13	魏家村	三塘乡	—	—	—	—
14	余家桥村		—	—	—	—
15	马山村		23.50	3.67	0.2635	29.00
16	刘埠村	石口镇古竹片	—	—	—	—
17	西村		2.00	4.51	0.0270	28.83
18	湖滨村		—	—	—	—
19	古竹村		0.80	6.24	0.0230	4.00

续表

特征点序号	行政村（自然村）	所属行政区域	洪水到达特征点耗时/h	最大淹没水深/m	流速峰值/(m/s)	峰现时间/h
20	里溪卢家		3.20	4.40	0.0140	27.83
21	里溪分场	康山垦殖场	0.68	8.32	0.0740	2.50
22	甘泉洲分场		0.88	5.91	0.0308	2.50
23	插旗分场		0.50	4.51	0.0461	18.33

由图 5.20 和表 5.20 可知，6 个区域中康山垦殖场最先被淹没，插旗分场在溃堤后 0.5h 开始被淹，里溪分场、甘泉洲分场在溃堤后 40min 开始被淹。康山垦殖场的最大淹没水深和最大流速均出现在里溪分场，最大淹没水深为 8.32m，最大流速为 0.0740m/s，峰现时间约为溃堤后 2h30min。石口镇古竹片在溃堤 50min 后开始被淹，最大淹没水深出现在古竹村，为 6.24m；最大流速为 0.027m/s，出现在西村，峰现时间约为溃堤后 28h50min；刘埠村和湖滨村由于地势较高，直至溃堤后 48h 进洪结束，也未被洪水淹及。大塘乡在溃堤 50min 后开始被淹没，最大淹没水深和最大流速均出现在大湖村，分别为 7.65m 和 0.0731m/s，峰现时间约为 2h40min；该片区陈家塘村、南坑村因地势较高，未被洪水淹及。溃堤洪水在 9h10min 达到瑞洪镇西岗村，瑞洪镇最大淹没水深出现在西岗村，为 4.55m；最大流速为 0.0536m/s，出现在罗家村，峰现时间约为溃堤后 24h30min；把下村因地势较高，未被洪水淹及。康山乡虽然离溃口较近，但是其地势较高，直至溃堤后 16h40min 洪水才到达府前村，最大淹没水深和流速峰值均出现在府前村，分别为 2.65m 和 0.0133m/s，峰现时间约为溃堤后 30h20min，大山村和金山村未被洪水淹及。三塘乡因地处康山蓄滞洪区南部山区，离溃口较远，并且地势较高，直至溃堤后 23h40min 洪水才达到马山村，最大淹没水深 3.67m，最大流速为 0.2635m/s，峰现时间约为溃堤后 29h。魏家村和余家桥村均未被洪水淹及，可作为避险转移的重点区域。

康山垦殖场片区淹没水深平均超过 2m，该片区人员可撤离至距离该片区较近的石口镇古竹片区的刘埠村和湖滨村；其余片区自身都拥有安全区，可以将安全楼建在相应的安全区内，作为应急避难和物资储存的场所，具体洪水应急转移方案如图 5.21 所示。上述结果能够较好地指导抗洪抢险，为编制蓄滞洪区溃堤洪水应急预案、人员撤离路线提供了直观的数据来源。

5.4.5　洪水损失评估

根据洪水演进模拟结果（淹没范围、流速、淹没历时、峰现时间和预警信息），采用式（5.5）～式（5.12）可估算洪水造成的蓄滞洪区内生命损失，具体估算步骤如下：

(1) 根据淹没水深和范围划分灾害等级并分区，统计各分区潜在风险人口。

(2) 根据淹没历时、水深、淹没范围查表确定死亡率。

(3) 将步骤（1）和步骤（2）的计算结果相乘得到生命损失。图 5.22（a）～（c）给出了风险人口累积分布曲线和不同预警时间下的损失人口数，具体统计数据详见附录 2～附录 11。

图 5.21 康山蓄滞洪区洪水应急转移方案

经济损失估算步骤如下：

（1）根据经济数据库统计信息，按洪水演进结果求出受灾面积所占比例和受灾区域经济货币化价值。

（2）根据洪水淹没信息（水深、流速和淹没历时）确定单元内各类财产的损失率。

（3）将步骤（1）得到的财产价值与步骤（2）得到的损失率相乘得到该单元的财产损失，累积计算获得淹没区域的财产损失，即蓄滞洪区的经济损失。图 5.22（d）和（e）给出了采用式（5.13）计算的蓄滞洪区直接经济损失和农林牧损失的累积分布曲线。对淹没范围内所有单元的经济损失进行累加，得到总直接经济损失为 9.53 亿元，间接损失取直接损失的 63%，为 6.00 亿元，则康山大堤溃决造成的总经济损失为 15.53 亿元，直接经济损失统计数据详见附录 12～附录 20。

本例采用条件价值评估方法通过问卷调查的方式估算生态环境损失，采用式（5.14）和式（5.15）计算得到鄱阳湖区居民重点堤防整治工程的平均支付意愿为每人 776.8～780.0 元/年。目前康山蓄滞洪区风险人口为 12577 人，按人均 776.8 元/年，堤防的服役寿命为 20 年计算，则得到堤防环境整治工程总价值为 1.956 亿元，即溃堤洪水造成的生态环境损失为 1.956 亿元。进而根据洪水淹没进程可以得到生态环境损失累积分布曲线如图 5.22（f）所示。

根据数值模拟得到的洪水淹没结果，采用 5.2 节生命损失、经济损失和生态环境损失评估方法得到风险人口、淹没损失人口、经济损失和生态环境损失。据此，可针对不同预警时间下的淹没损失制定对应的应急预案。例如，可根据图 5.22（a）结合洪水淹没范围制定准确详细的人员转移方案，以减少溃堤洪水造成的损失。根据图 5.22（a）～（e）可评估经济损失和制定相应的洪水预警响应措施，识别经济损失中最关键的成分，以提前制定相关的止损措施。

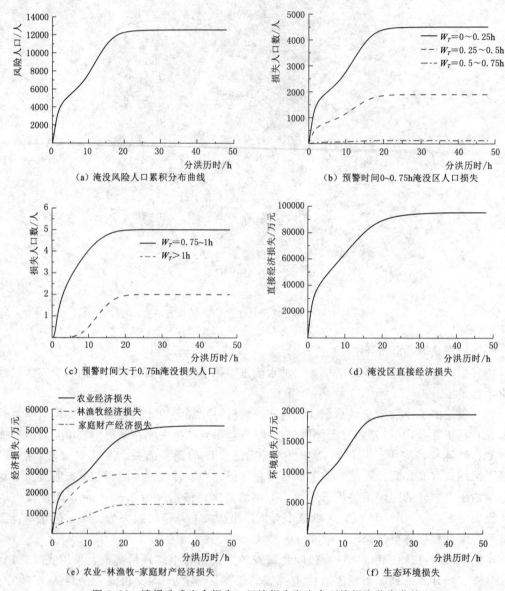

图 5.22　溃堤造成生命损失、经济损失和生态环境损失分布曲线

5.5 珠湖蓄滞洪区工程应用

5.5.1 地形概化及模型构建

珠湖蓄滞洪区[32] 地理数据和行政区划数据分别在 1：10000 和 1：50000 的比例尺上

采集，其中 1 : 10000 的珠湖蓄滞洪区数字高程模型如图 5.23 所示。模型计算范围为整个珠湖蓄滞洪区，对应的模型网格剖分图如图 5.24 所示。将西北部珠湖联圩的爆破扒口作为进洪与退洪边界，南部珠湖联圩和东部陆地作为物理边界。

珠湖联圩起自车门村，经白沙河、罗潭、过店前、聂家、利池，终至尧山村。在竹湖堤 14k＋100～14k＋600 处预留分洪口，如图 5.25 所示。珠湖联圩的起点（即 0k＋000）是车门村，在分洪口门两端布置了深层水泥搅拌桩以防止口门无限制扩大。根据国家防汛抗旱指挥部《关于长江洪水调度方案的批复》（国汛〔1999〕10 号）的要求，当鄱阳湖湖口站水位达到 20.61m，并预报将继续上涨且将危及到长江重点堤防安全时，由长江防汛抗旱总指挥部会商江西省人民政府决定运

图例
——蓄滞洪区边界线
数字高程/m
高：83.99
低：10

图 5.23 珠湖蓄滞洪区数字高程模型

用珠湖蓄滞洪区进行分洪，采用人工爆破的方式将预留分洪口扒开，由于受洪水冲刷，溃口将迅速扩大。图 5.26 为最终的溃口几何形状，顶部宽度为 180m，底部宽度为 150m，底部高程为 15.06m[9]。

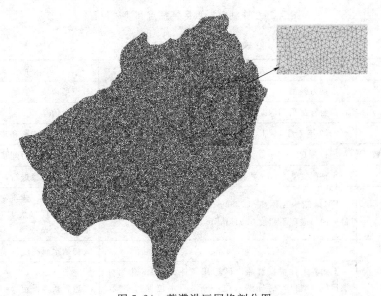

图 5.24 蓄滞洪区网格剖分图

5.5.2 洪水演进过程模拟

为了更准确地模拟珠湖蓄滞洪区实际地形条件，采用 MIKE 21 软件的 FM 非结构化网格进行建模，利用有限体积法求解式（5.1）～式（5.3）的控制方程。珠湖蓄滞洪区模型涉及的物理参数以及经率定后的糙率取值分别见表 5.21 和表 5.17。

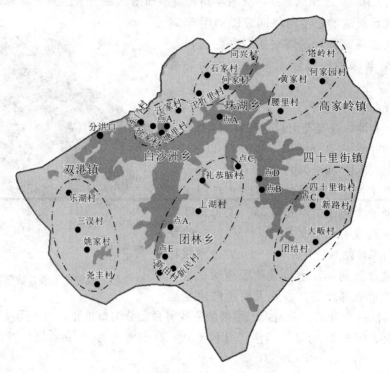

图 5.25 珠湖蓄滞洪区特征点和溃口位置

表 5.21 珠 湖 物 理 参 数 取 值

参 数	珠湖蓄滞洪区取值	涵 义
模块	水动力模型	模型模块
地形文件	江西省鄱阳湖珠湖蓄滞洪区	地图信息
模拟时间	2020 年 7 月 14 日 0 时至 19 日 0 时	模拟时间步长和步数
时间步长和步数	步长为 600s，步数为 720	时间步长、时间步数
干湿边界	干枯深度 0.01m；水淹深度 0.05m	使计算平稳进行，避免浅水效应
网格形式	FM 非结构化网格（23829 个节点，46854 个单元，最大网格面积不超过 0.01km²）	对居民区、建筑物密集区和种植区加密处理（最大间距 300m，最小间距 26m）
初始表面高度	15.06m	初始水面高度的设置
边界条件	上边界条件根据蓄滞洪区运用条件 20.61m 作为分洪口门（溃口）的分洪水位，分洪后水位保持不变；下边界为陆地边界	边界条件设定
涡黏系数	采用 Smagorinsky 公式[6] 进行计算	涡黏系数计算方法
糙率	不同分区糙率取值见表 5.17	阻力系数的设置方式、类型和数值
源汇	上边界流量过程	设置源汇项目及所在网格位置

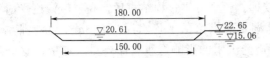

图 5.26 珠湖最终溃口的几何形状（单位：m）

为了验证本章开发的溃堤洪水演进模拟方法在珠湖蓄滞洪区中的有效性具体做法如下：

（1）将本章数值模拟得到的蓄水量（5.63 亿 m^3）与珠湖蓄滞洪区设计蓄水量（5.35 亿 m^3）进行了对比，发现相对误差为 5.2%，小于 7%，计算结果满足精度要求[1]。

（2）表 5.22 比较了采用本章开发的方法和张秀平等[32] 采用 Infoworks 软件数值模拟得到的代表性监测点的最大淹没水深和流速。由表 5.22 可知，这两种数值模拟方法得到的最大淹没水深和流速持续时间非常吻合，表明开发的溃堤洪水演进模拟方法能够有效模拟珠湖蓄滞洪区溃堤洪水演进过程。

表 5.22 代表性监测点最大水深和流速的比较

类　型	编号	实际最大淹没水深/m	实际流速/(m/s)	模拟最大淹没水深/m	模拟流速/(m/s)
水源地污染防治工程	A_1	7.46	0.25	7.43	0.26
	A_2	7.65	0.82	7.64	0.77
	A_3	8.36	0.59	8.29	0.63
水源地周边隔离工程	B	6.27	0.21	6.35	0.21
珠湖内生态修复工程	C_1	2.62	0.03	2.66	0.05
	C_2	8.13	0.51	8.13	0.46
水源地环境应急能力建设工程	D	5.24	0.06	5.25	0.08
堤坝拆除工程	E	7.47	0.73	7.29	0.69

图 5.27 给出了溃口流量随时间的变化过程线。由图 5.27 可知，在溃堤后 1h 内流量从 0 急剧增加到最大值 12500m^3/s，在溃堤后 2h 流量开始下降，这是因为蓄滞洪区内水位逐渐升高而导致流量减小。整个分洪过程在 24h 内完成，直至流量接近于 0，珠湖蓄滞洪区水位达到 20.61m，与分洪口外的水位相等。

为进一步了解溃堤洪水演进过程，在双港镇、团林乡、四十里街镇、高家岭镇、珠湖乡和白沙洲乡内设置了 24 个特征点，如图 5.25 所示。图 5.28 给出了 5 个典型分

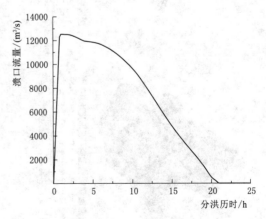

图 5.27 珠湖联圩溃口流量随时间的变化过程线

洪时段的淹没水深分布。可见，洪水在决堤后 1h 内到达白沙洲乡，白沙洲乡地区由于地处溃口附近，最大流速超过 0.7m/s，受洪水冲刷影响较大。6h 内洪水向双港镇、团林乡、珠湖乡挺进，12h 内向四十里街镇挺进，溃堤 18h 后洪水向高家岭镇挺进，这是由于

高家岭镇东北地区地势相对较高，距离溃口较远。整个分洪过程结束后，高家岭镇遭受溃堤洪水的影响较小。由图 5.28（e）可知，珠湖蓄滞洪区的平均水深为 8.8m，白沙洲乡在分洪结束时水深高达 9.6m。表明白沙洲乡遭受洪水的影响严重，需要尽快疏散转移该地区的人员和居民物资。

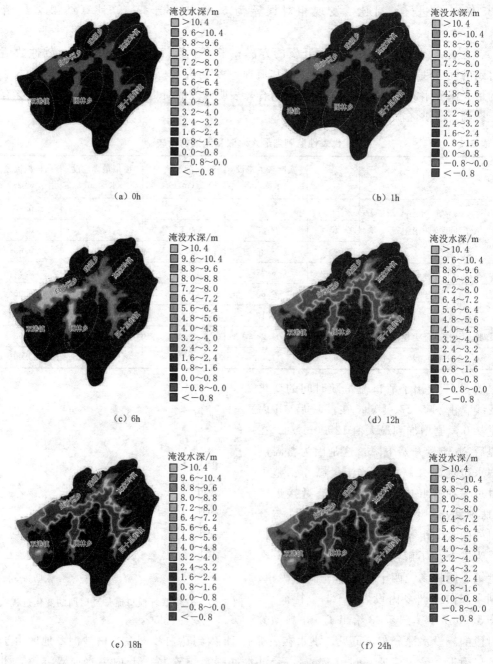

图 5.28　不同时段的淹没水深分布

5.5.3 洪水淹没信息统计

在珠湖联圩溃决前，蓄滞洪区内初始水位为 15.06m，水面面积约为 75.02km²。分洪结束时，蓄滞洪区内总流量为 5.63 亿 m³，淹没面积为 130.78km²，淹没面积增加显著。根据淹没水深和淹没面积，可以将珠湖蓄滞洪区划分为非灾区、轻灾区、中灾区、严重灾区和危险灾区，见表 5.23。水深 0.5m 以下的轻灾区和非灾区可作为人员或物资安置区。轻灾区、中灾区、严重灾区分别占 1.85%、1.94% 和 3.23%，相比之下危险灾区较大，占 36.08%，相应的淹没面积为 109.47km²。表明珠湖蓄滞洪区绝大部分地区受洪水影响严重，洪水未到达的地区面积为 172.65km²，这些区域也可视作安全区，进行相关人员和物资的安置。

表 5.23　　　　　　　　　　溃堤洪水淹没面积统计表

淹没水深/m	淹没面积/km²	所占百分比/%	淹没水深/m	淹没面积/km²	所占百分比/%
非灾区（＝0.5）	172.65	56.90	严重灾区（1.0～2.0）	9.81	3.23
轻灾区（≤0.5）	5.61	1.85	危险灾区（>2.0）	109.47	36.08
中灾区（0.5～1.0）	5.89	1.94			

此外，还可以获取珠湖蓄滞洪区中 24 个特征点的淹没水深和流速分布。图 5.29 给出了 6 个行政区特征点淹没水深和流速随洪水淹没历时的变化关系曲线。根据淹没水深和流速分布，可以容易得出洪水到达指定特定点的耗时、最大水深和洪峰流速以及洪现时间。由图 5.29（a）、（b）可知，虽然双港镇片区距离溃口很近，但是洪水并未到达双岗镇片区的三汊村和尧丰村。这是因为三汊村和尧丰村的地势总体上较高。最大水深（2.99m）和最高流速（0.66m/s）分别出现在姚家村和乐湖村，峰现时间为 9.5h。由图 5.29（c）、（d）可知，溃堤 1.11h 后洪水到达团林乡上湖村。最大水深和最大流速均出现在上湖村，分别为 3.12m 和 0.059m/s，峰现时间为 11.25h。团林乡因为它的地势相对较高，故只有礼恭脑村受到了洪水的较小影响。由图 5.29（e）、（f）可知，溃决 3.0h 后洪水到达了四十里街镇地区，最大水深和峰值流速都出现在团结村，分别为 0.61m 和 0.018m/s，峰现时间为 10.31h。在四十里街镇地区，大畈村和新路村由于地势较高，故只受到洪水的轻微影响。由图 5.29（g）、（h）可知，溃堤洪水只到达了高家岭镇的腰里村，这是由于腰里村位于高家岭镇的西部，靠近内珠湖。最大的水深和峰值流速都出现在腰里村，分别为 8.78m 和 0.763m/s，峰现时间为 10.25h。相比之下，高家岭镇地区的其他地区，包括黄家村、何家园村和塔岭村，都没有被淹，也可以作为人员或物资的转移安置区。在溃堤 0.81h 后，洪水到达珠湖乡，如图 5.29（i）、（j）所示，最大水深（2.77m）和最高流速（0.095m/s）分别出现在同兴村和何家村，峰现时间为 10h。珠湖乡地区因为它们的地形相对较高，汪折里村和石家村没有被淹，也可以被视作安全区。由图 5.29（k）、（l）可知，溃堤 15min 后洪水就进入白沙洲乡的徐家村和塘里村，显然白沙洲镇地区最早受洪水影响。最大水深和峰值流速都出现在塘里村，分别为 3.92m 和 0.697m/s，峰现时间为 10.53h。为了便于比较，表 5.24 统计了 6 个行政区域中 24 个特征点的相关洪水淹没信息。

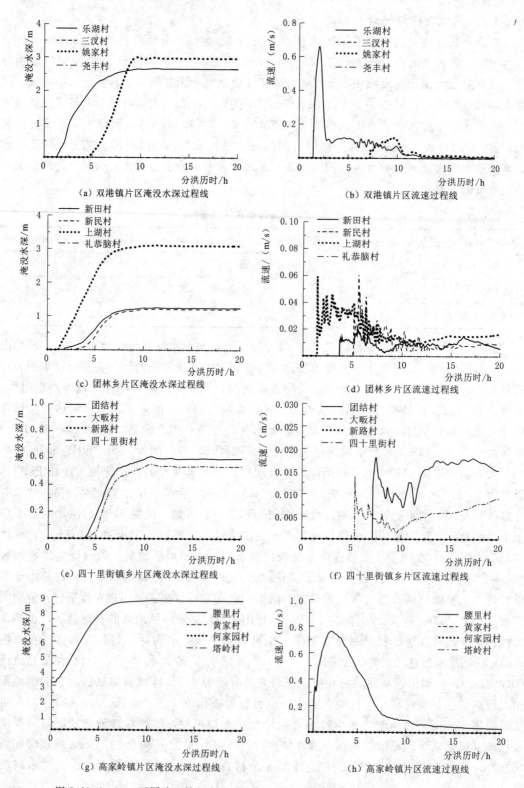

图 5.29（一） 不同片区特征点淹没水深和流速随洪水淹没历时的变化关系曲线

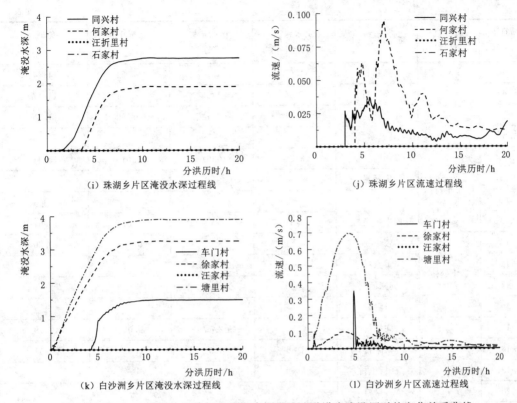

图 5.29（二） 不同片区特征点淹没水深和流速随洪水淹没历时的变化关系曲线

进而基于洪水淹没信息（淹没面积、水深、峰现时间）可制定防洪堤的紧急疏散计划。由图 5.29 可知，白沙洲乡被洪水淹没，平均水深超过 3.0m，应在安全洪水预警时间内将该地区的人员和物资尽快转移到附近安全区。如图 5.29 所示，双港镇的乐湖村和姚家村的人员和物资可以迅速转移到附近的三汊村，因为该村受到洪水的影响较小。团林乡地区新田村和新民村的人员和物资可以转移到双港镇地区未淹没的尧丰村。上湖村的人员和物资可以转移到礼恭脑村。四十里街镇的团结村和四十里街村的人员和物资可以迅速转移到邻近的大畈村和新路村安置。珠湖乡地区的同兴村和何家村的人员和物资应迅速转移到邻近的汪折里村和石家村安置。最后，高家岭镇地区的人员和物资相对安全，只有腰里村遭受了洪水的影响。据此制定的珠湖蓄滞洪区溃堤洪水应急疏散转移路线图，如图 5.30 所示。

表 5.24　　　　　　　　特征点洪水淹没情况统计表

特征点序号	行政村（自然村）	所属行政区域	洪水到达特征点时间/h	最大淹没水深/m	流速峰值/(m/s)	峰现时间/h
1		乐湖村	0.97	2.66	0.66	9.67
2	双港镇	三汊村	—	—	—	—
3		姚家村	4.42	2.99	0.121	9.28
4		尧丰村	—	—	—	—

续表

特征点序号	行政村（自然村）	所属行政区域	洪水到达特征点时间/h	最大淹没水深/m	流速峰值/(m/s)	峰现时间/h
5	团林乡	新田村	1.67	1.27	0.021	11.44
6		新民村	2.58	1.23	0.061	11.47
7		上湖村	1.11	3.12	0.059	11.25
8		礼恭脑村	—	—	—	—
9	四十里街镇	团结村	3.81	0.61	0.018	10.31
10		大畈村	—	—	—	—
11		新路村	—	—	—	—
12		四十里街村	3.31	0.56	0.014	10.67
13	高家岭镇	腰里村	0.01	8.78	0.763	10.25
14		黄家村	—	—	—	—
15		何家园村	—	—	—	—
16		塔岭村	—	—	—	—
17	珠湖乡	同兴村	0.81	2.77	0.037	10.19
18		何家村	2.86	1.92	0.095	10.61
19		汪折里村	—	—	—	—
20		石家村	—	—	—	—
21	白沙洲乡	车门村	3.92	1.5	0.349	10.92
22		徐家村	0.19	3.26	0.104	10.97
23		汪家村	—	—	—	—
24		塘里村	0.22	3.92	0.697	10.53

5.5.4　洪水损失评估

一旦获得了洪水淹没信息，还可按照 5.2 节估算堤防溃决导致的洪水损失，包括生命、经济和生态环境损失。图 5.31（a）给出了蓄滞洪区中风险人口随洪水淹没时间的风险人口变化曲线。图 5.31（b）和（c）分别给出了洪水预警时间小于和大于 0.75h 损失人口数随分洪历时的变化关系曲线。显然，预警时间对生命损失有重要的影响，预警时间越短，生命损失越大。图 5.31（d）～（f）给出了直接经济损失随分洪历时的变化关系曲线。由图 5.31（e）可见，房屋财产损失是直接经济损失中占比最大的部分。珠湖联圩溃决洪水造成的直接和间接经济损失总额分别为 3.886 亿元和 2.448 亿元。采用条件价值评估方法估算溃堤洪水造成的生态环境损失，其中每人每年的平均支付意愿为人民币 776.8 元，珠湖蓄滞洪区的总风险人口为 28058 人。图 5.31（g）给出了生态环境损失随分洪历时的变化关系曲线，如果将堤防的服役寿命定为 20 年，那么珠湖联圩溃决洪水造成的生态环境损失将为 4.359 亿元。

溃堤洪水造成的总损失等于生命损失、经济损失和生态环境损失之和。在珠湖蓄滞洪区停止进洪之后，溃堤洪水造成的经济和生态环境损失高达 10.69 亿元。因此，需要提前

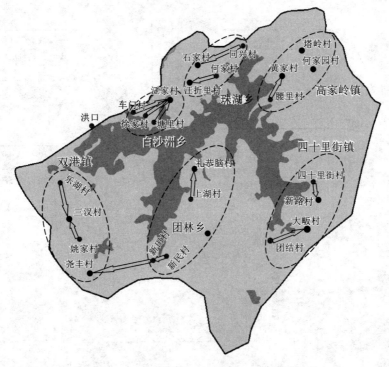

图 5.30　珠湖蓄滞洪区洪水应急疏散转移路线

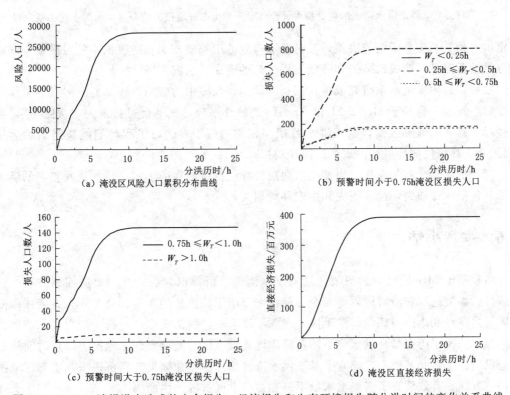

（a）淹没区风险人口累积分布曲线

（b）预警时间小于0.75h淹没区损失人口

（c）预警时间大于0.75h淹没区损失人口

（d）淹没区直接经济损失

图 5.31（一）　溃堤洪水造成的生命损失、经济损失和生态环境损失随分洪时间的变化关系曲线

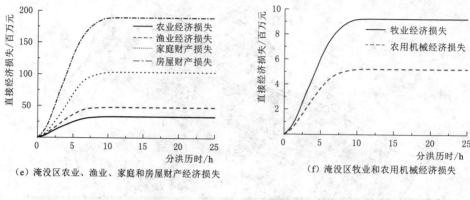

（e）淹没区农业、渔业、家庭和房屋财产经济损失　　　（f）淹没区牧业和农用机械经济损失

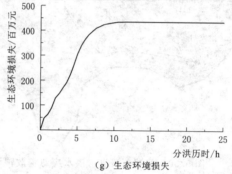

（g）生态环境损失

图 5.31（二）　溃堤洪水造成的生命损失、经济损失和生态环境损失随分洪时间的变化关系曲线

制定洪水预警和应急措施与决策，及时采取有效的工程或非工程防洪抢险救援措施，以减少分洪给蓄滞洪区造成的损失和降低溃堤引起的潜在洪水灾害风险。

最后，为了促进本章研究成果在工程实际洪水预警中的应用，还需要开展以下工作：

（1）开发一套基于 MIKE 21 和 ArcGIS 的软件平台，该平台可被视为"黑匣子"，可直接导入基本的地形数据，输入洪水数据和相关的模型参数，工程师们能快速熟悉运用"黑匣子"高效便捷地进行洪水演进路径模拟。

（2）加强与政府的合作，以便及时向决策部门提供潜在的洪水淹没信息和签字的洪灾后果（包括生命损失，经济损失和生态环境损失）。

5.6　本章小结

本章基于 MIKE 21 软件开发了溃堤洪水演进数值模拟方法，并主要从控制方程、边界条件、参数选取和溃口设置等四个方面详细介绍了该方法的主要计算步骤，并依托鄱阳湖区三角联圩和康山与珠湖蓄滞洪区，建立了洪水演进数值模型，进行了溃堤洪水演进过程模拟，获得了历史最高洪水位下的蓄滞洪区淹没范围、淹没水深、流速、峰现时间等重要淹没信息；在此基础上，建立了基于洪水淹没信息的生命损失、经济损失和生态环境损失评估方法，有效估算了溃堤洪水给下游和蓄滞洪区造成的生命损失、经济损失和生态环境损失。最后，根据蓄滞洪区洪水淹没信息，还划分了区内灾害等级，制定了人员和物资撤离及转移方案，确定了各片区安全楼位置。这些研究结果可为溃堤洪水灾害风险评估、蓄滞洪区防汛抢险决策方案制定提供重要的理论和技术参考。

本 章 参 考 文 献

［1］ 郭凤清．蓄滞洪区洪水灾害风险分析与评估的研究及应用［M］．北京：科学出版社，2016.

［2］ 吴欢强．溃坝生命损失风险评价的关键技术研究［D］．南昌：南昌大学，2009.

［3］ Danish Hydraulic Institute（DHI）. MIKE 11 Short introduction and tutorial – a modeling system for rivers and channels［M］. Denmark：DHI Software，2002.

［4］ 王崇浩，曹文洪，张世奇．黄河口潮流与泥沙输移过程的数值研究［J］．水利学报，2008，39（10）：1256 – 1263.

［5］ 郭凤清，屈寒飞，曾辉，等．基于MIKE 21 FM模型的蓄滞洪区洪水演进数值模拟［J］．水电能源科学，2013，31（5）：34 – 37.

［6］ 朱世云，于永强，俞芳琴，等．基于MIKE 21 FM模型的洞庭湖区平原城市洪水演进模拟［J］．水资源与水工程学报，2018，29（2）：132 – 138.

［7］ Danish Hydraulic Institute（DHI）. MIKE 21：A modeling system for rivers and channels reference manual［M］. Denmark：DHI Water and Enviroment，2007.

［8］ 袁雄燕，徐德龙．丹麦MIKE 21模型在桥渡壅水计算中的应用研究［J］．人民长江，2006，37（4）：31 – 32.

［9］ 陈景开，袁鹏，刘刚，等．桥梁工程跨堤布置与防洪影响研究［J］．水电能源科学，2013，31（2）：70 – 73.

［10］ 中华人民共和国水利部．洪水风险图编制导则：SL 483—2010［S］．北京：中国水利水电出版社，2010.

［11］ 王学斌，张毅．流线型宽顶堰的流量系数和淹没系数［J］．电网与清洁能源，2012，28（11）：82 – 84.

［12］ 吴持恭．水力学［M］．2版．北京：高等教育出版社，1998.

［13］ 宋敬衔，何鲜峰．我国溃7 – 5生命风险分析方法探讨［J］．河海大学学报（自然科学版），2008，36（5）：628 – 633.

［14］ BROWN C A，GRAHAM W J. Assessing the threat to life from dam failure［J］. Water Resources Bulletin，1988，24（6）：1303 – 1309.

［15］ 李雷，周克发．大坝溃决导致的生命损失估算方法研究现状［J］．水利水电科技进展，2006，26（2）：76 – 80.

［16］ 邵鹏哲．高土石坝勘测设计：运行期工程风险评估与预警系统研发［D］．天津：天津大学，2014.

［17］ GRAHAM W J. A procedure for estimating loss of life caused by dam failure［R］. In：U.S. Bureau of Reclamation Dam Safety Office Denver USA，Report No. DSO – 99 – 06，1999.

［18］ 周克发．溃坝生命损失分析方法研究［D］．南京：南京水利科学研究院，2006.

［19］ 施国庆，朱淮宁，荀厚平，等．水库溃坝损失及其计算方法研究［J］．灾害学，1998，13（4）：28 – 33.

［20］ 中华人民共和国水利部．水库大坝安全管理应急预案编制导则：SL/Z 720—2015［S］．北京：中国水利水电出版社，2015.

［21］ 李雷．大坝风险评价与风险管理［M］．北京：中国水利水电出版社，2006.

［22］ 李东旭．基于随机模拟的溃坝后果多层次模糊综合评价［D］．武汉：华中科技大学，2011.

[23] 何可，张俊飚，丰军辉. 基于条件价值评估法（CVM）的农业废弃物污染防控非市场价值研究 [J]. 长江流域资源与环境，2014，23（2）：213－219.

[24] 刘嘉. 条件价值法在环境治理价值评估中的运用——以长沙市扬尘治理为例 [J]. 湖南广播电视大学学报，2013（1）：39－47.

[25] 谢高地，张彩霞，张雷明，等. 基于单位面积价值当量因子的生态系统服务价值化方法改进 [J]. 自然资源学报，2015，30（8）：1243－1254.

[26] 王健. 基于生态系统服务价值分析的溃坝洪水生态风险评价 [D]. 郑州：郑州大学，2021.

[27] 黄中发. 鄱阳湖区重点堤防溃决风险评估与管理 [D]. 南昌：南昌大学，2020.

[28] 李时. 基于一二维耦合水力学模型的公（铁）路联合阻水效应研究 [D]. 西安：西安理工大学，2017.

[29] 张雪竹. 月亮泡蓄滞洪区洪水风险分析 [D]. 长春：长春工程学院，2020.

[30] SONG J W, PARK S S. Roughness characteristics and velocity profile in vegetated and nonvegetated channels [J]. Journal of the Korean Society of Civil Engineers，2004，24（6B）：545－552.

[31] 闵骞. 鄱阳湖水情变化与围垦的关系 [J]. 防汛与抗旱，1998（2）：36－39.

[32] 张秀平，柳杨，许小华，等. 珠湖蓄滞洪区运用对鄱阳湖湿地公园项目的影响 [J]. 人民长江，2018，49（10）：21－25.

第6章 溃堤洪水动态避险转移模型研究

堤防突然溃决时，快速安全转移居民及物资，进而规避洪灾对于维护社会稳定具有重要的意义。本章立足堤防工程避险转移实际，从道路网络数据处理、转移单元分析、安置方式及安置区确定、避险影响因素设计、最优路线求解等方面开展动态避险转移研究，利用路阻函数计算的道路通行时间作为最优路径求解，结合洪水淹没时空分布特征，建立溃堤洪水动态避险转移模型，实时输出洪灾避险转移路线，进而实现溃堤洪水演进数值模拟与避险转移的有机结合。最后，依托三角联圩，规划堤防溃决的最优避险转移路线，并对比分析有无洪水影响工况下避险转移路线的差异性和可靠性，从而为溃堤紧急情况下为防洪预警抢险方案制定以及预案修订提供参考。

6.1 动态避险转移模型

6.1.1 道路通行时间计算

在实际洪水避险转移研究中，交通情况十分复杂，不同的道路等级、车道宽及路网密度等对实际避险转移存在很大的影响，不能仅通过转移路线距离来制定避险方案。路阻函数可确定不同交通负荷道路的通行时间[1]，根据时间路权来制定最优转移路线。因此，如何在最短的时间内，将圩堤内风险人群转移至安置区成为制定洪水避险转移方案的决定性因素。目前，路阻函数计算方法主要有两种：①美国联邦公路局提出的（Bureau of Public Road，BPR）路阻函数；②王炜和徐吉谦[1]提出的路阻函数计算方法。

BPR 路阻函数虽然在国外使用方便且通用性较好，但是 BPR 路阻函数存在缺陷，在我国实际工程应用不理想，与我国的混合交通实际情况不相符[2]。因此，本章采用王炜和徐吉谦[1]提出的更适用于我国交通情况的路阻函数计算路权，第 i 条路段的通行时间 T_i 计算公式为

$$\sum_{i=1}^{r} T_i = \sum_{i=1}^{r} (L_i / V_i) \tag{6.1}$$

式中：r 为研究区域的道路总数；L_i 为第 i 条路段对应的长度；V_i 为第 i 条路段对应的行驶速度，受多种因素影响，计算公式为

$$V_i = U_i / 2 \pm \sqrt{(U_i / 2)^2 - Q_i U_i / K_i} \tag{6.2}$$

式中：U_i 为该段道路上交通量为 0 时的行驶速度；Q_i 为该段道路上交通量，辆/h；K_i 为该段道路上阻塞密度。交通量为 0 时行驶速度 U_i 可由下式计算，即

$$U_i = \gamma \eta V_0 \tag{6.3}$$

式中：V_0 为该路段的设计车速；γ 为该路段的影响折减系数，主要受非机动车对机动车

行驶的影响。假定省级道路存在隔离带，省级以下道路不存在隔离带，当有隔离带将非机动车与机动车隔离时，不需要对机动车的行驶速度进行折减，省级道路 γ 取值为 1；当没有隔离带，则非机动车会对机动车存在影响，省级以下道路 γ 取值为 0.8；η 为该路段车道宽影响系数，与不同道路的车道宽度相关，参考取值见表 6.1。

表 6.1 车道宽影响系数 η 参考取值[3]

车道宽 w/m	2.5	3.0	3.5	4.0	4.5	5.0	5.5	6.0
η	0.5	0.75	1	1.11	1.2	1.26	1.29	1.3

设计车速 V_0 主要和道路等级相关，参考《城市道路工程设计规范》[4] 和《城市道路交通规划设计规范》[5]，结合研究区域实际道路，选用的道路等级关系见表 6.2。

表 6.2 道 路 等 级 关 系

道 路 等 级	省 道	县 道	乡 道
设计车速 $V_0/(km/h)$	60	40	20
单向机动车道 $n/$条	2	2	1
车道宽 w/m	3.5	3	3
车道流通量/(辆/d)	10000	5000	400

此外，阻塞密度 K_i 计算公式为

$$K_i = 1000\gamma\lambda n/(L+L_0) \tag{6.4}$$

式中：λ 为交叉口影响修正系数，对于省道、县道和乡道交叉口，影响修正系数分别取 0.95、0.8、0.65；L 为平均车身长度，小客车为 6m，大型车为 12m，铰链车为 18m[6]；L_0 为平均阻塞车间净距，参考取值为 1.5m。

6.1.2 动态避险转移模型构建

洪灾避险转移基本思路[6-7] 如下：①将避险转移模型中被转移单元设定为"点"，其单位为 1，本章将其设定为"源"，并从"源"开始建模；②将研究区域安置点设定为"汇"，"汇"为"源"的安置地；③将研究区域的道路网络设定为"网络"，根据道路等级与长度的不同，对"网络"赋值的通行时间也不同。为求解最优转移路线，使得出发点到安置点的总转移时间 $\sum\limits_{i=1}^{r} T_i$ 最短，即保证在最短时间内使得居民全部安全转移至安置点，在模型求解过程中优先选择通行时间更少的道路。一般情况下，省道及以上的通行时间更低，县道及以下通行时间更高。洪灾避险转移模型可概述为"源"至"网络"再至"汇"。

上述是一个静态的洪灾避险转移模型。为实现动态实时更新避险转移路线，需要融合实时的洪水淹没数据，通过 Python 语言对 ArcGIS 进行二次开发，建立洪灾动态避险转移模型，如图 6.1 所示。具体实现过程如下[6]：

（1）对初始的道路数据进行打断连接处理，在道路数据文件被打断再连接之后，需要检查所有道路节点是否被连通，否则在求解最优转移路线时，未被连通的道路将会被忽略。

（2）对道路网络数据进行属性赋值，根据表 6.2 对不同道路等级赋予不同属性，然后通过式（6.1）计算所有道路的通行时间 T，通过 ArcGIS 将通行时间 T 作为最优路线的求解属性，进而构建避险转移网络数据集。注意目前避险转移网络数据集仍是一个静态的避险转移分析模型，无法考虑洪水的影响。

（3）设定起始时间、末尾时间和间隔时间，起始时间表示洪水开始的时间，末尾时间表示进洪结束的时间，间隔时间表示每隔一定时间调取一次洪水淹没数据。

（4）根据逐渐调取的洪水淹没数据更新避险转移网络数据集，具体更新规则如下：将洪水淹没数据与道路网络数据进行空间连接，淹没水深大于 0.5m 以上的道路通行时间 T 被重新设定为一个无限大值，表明被淹没道路为"不可通行"状态，可见避险转移网络数据集是一个随着洪水淹没空间变化而不断变化。

（5）输入需要被转移的图层数据和安置区图层数据，求解 $\min\left(\sum\limits_{i=1}^{r} T_i\right)$，实时动态输出最优避险转移路线、转移距离以及安全转移时间等。

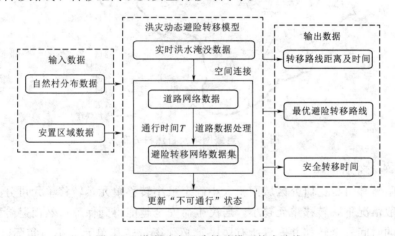

图 6.1 洪灾动态避险转移模型技术路线

6.2 三角联圩工程应用

6.2.1 道路网络处理及危险性分析

下面从资料收集及道路网络处理、转移单元分析、安置区域及转移批次分析以及模型工况设定方面进行道路网络处理及危险性分析。

1. 资料收集及道路网络处理

在制定三角联圩溃堤洪灾避险转移工作中，最重要的是区域内的基础资料是否全面、可靠，包括居民点或自然村分布情况（表示为"源"）、道路网络数据（表示为"网络"）、安置区域（表示为"汇"）、洪水分布数据、防汛预案以及安全设施分布等。洪水分布数据可通过第 5 章进行溃堤洪水演进模拟获取，道路网络数据是避险转移分析的基础，需要尽可能准确获取。

三角联圩堤内包括主要道路有昌九大道、县道以及乡道等，区内以昌九大道为主路干线，以县道和乡道为支线。注意在进行道路网络处理过程中，需对道路网络进行打断连接处理，并对照遥感影像核对实际道路网，进行补充筛选修正，保证道路网络相互连通，符合实际道路分布情况，如图 6.2 所示。图 6.2 中包含三角联圩的省道、县道以及乡道的分布情况，其中自然村被设定为被转移单元对象。

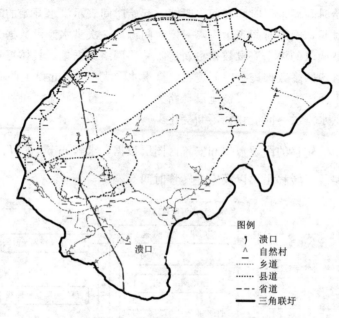

图 6.2 道路网络及自然村分布

2. 转移单元分析

洪灾避险转移可根据研究区域面积大小确定最小转移单元，转移单元可分为乡镇、自然村等。一般情况下，转移单元越小，居民生命安全越能得到保障。然而避险转移情况紧急，在最短的时间安全转移并安置所有居民，必须衡量转移单元大小与实际转移工作量。例如将避险转移单元细化至居民个人，但是实际转移工作量太大，无法在最短的时间内全部安全转移。参考王婷婷[6] 的转移单元规划设计，三角联圩区域面积小于 500km²，因此本章将图 6.2 中的自然村作为被转移对象。

3. 安置区域及转移批次分析

避险安置方式通常和洪水淹没水深和流速相关，根据表 6.3 给出的划分依据，获得三角联圩分别满足就地安置方式和异地安置方式的区域分布，如图 6.3 所示。由图 6.3 和表 6.3 可知，满足就地安置方式的面积仅为 0.52km²，占三角联圩总面积的 0.92%，可用于居民就地安置的区域面积较少且分布较散乱，故在三角联圩内不设就地安置方式，全部实行异地转移，即圩堤内的居民需要全部被安全转移至圩堤外，所以将圩堤内居民转移至圩堤处则表示人员已初步安全转移，将三角联圩的堤防圈作为安置区域。

确定采用异地安置方式以及安置区域后，需要进一步考虑如果人力物力不足以及转移区域较大，需要划分转移批次。将三角联圩内的自然村划分为三个批次进行转移，见表6.3。由图 6.4 可知。靠近溃口的洪水前锋到达时间基本在 12h 之内，但是一些靠近溃口的村庄反而属于第三批次，这是因为该村庄的地势较高，而距离溃口较远的第三批次村庄可快速自行转移。通过此方法可粗糙地判断转移批次会导致居民的生命安全受到更大的风险，这是因为在洪水淹没村庄之前，实际上已经淹没了该村庄的避险转移路线，该村庄虽然未被淹没，但是居民却被围困在洪水中，这是一种较为不合理判断方式，下文将进一步说明。

表 6.3 安置方式及转移批次划分依据[8]

避险转移分析	划 分 依 据
就地安置	水深小于 1.0m 且流速小于 0.5m/s，有基本的安置设施和卫生条件
异地安置	水深大于 1.0m 或流速大于 0.5m/s
转移批次	洪水到达时间小于 12h 为第一批次，12～24h 为第二批次，大于 24h 为第三批次

图 6.3 三角联圩安置方式分布

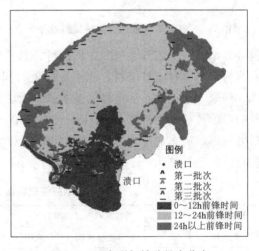

图 6.4 三角联圩转移批次分布

4. 模型工况设定

目前，国内外洪灾避险转移模型主要是采用数学建模和仿真模拟。为了兼顾工程实际应用，本章设定了两种不同的工况对比分析洪灾动态避险转移模型考虑洪水时空变化情况的重要性。两个工况设定的基本转移单元都为自然村：

(1) 无洪水影响工况。不考虑洪水的影响，以自然村为转移单位，模拟从自然村到三角联圩处的最优避险转移路径，建立洪灾避险转移方案，该工况主要适用于蓄滞洪区及圩堤保护区为主动分洪方式，可提前安排人员撤离，受洪水影响程度较小。

(2) 有洪水影响工况。考虑洪水对于避险转移道路的影响，即洪水会淹没原有规划避险转移路线，导致既定洪灾避险转移方案无法实行，以自然村为转移单位，模拟从自然村到三角联圩处的动态最优避险转移路径，该工况主要适用于蓄滞洪区及圩堤保护区的堤防被动瞬溃，情况紧急，圩堤内居民没有充足的时间进行转移。

6.2.2 无洪水影响工况分析

该工况根据图 6.1 给出的动态避险转移模型技术路线，设定洪水淹没数据的初始时间和末尾时间都为 2020 年 7 月 12 日 19 时，不读取洪水淹没数据，忽略洪水的影响。以三角联圩内 51 个自然村为基本避险转移单位和三角联圩圩堤圈处为转移目标区域（图 6.2）

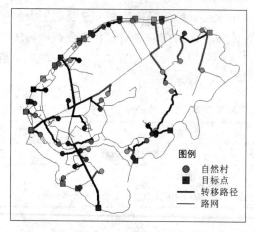

图 6.5　三角联圩最优避险转移路线分布

作为输入数据。通过计算 $\min\left(\sum\limits_{i=1}^{r} T_i\right)$ 来筛选自然村到三角联圩的最优路径。图 6.5 给出了三角联圩最优避险转移路线分布，圆形图例表示自然村所在地，方形图例表示自然村对应的三角联圩转移目标点，中间的路线表示自然村到三角联圩的最优避险转移路线。由图 6.5 可知，各个自然村转移路线基本上是朝向最近的堤防所在地。

为了更清楚地辨别避险转移路线，将三角联圩省道级别以下道路命名为道路周边的村名，表 6.4 给出了三角联圩自然村避险转移计算结果。由表 6.4 可知，细熊村、老基戴、联丰村、小江高家村、破园头、寒湖村、邓家村、吕家村、沙墩村、仓下、圩上、周坊村、沙洲头、五星村、联群村、花垱嘴江家、柯家、里港村、塥里村、新基戴、淦坊村、白沙夹熊村、上天寺林、五房戴村和港口程的避险转移路径长度小于 1km。这是由于这些自然村基本分布在堤防圈周围，距离溃口处较远，洪水对于该自然村影响小，所以可自行转移至堤防处，后面不再对可自行撤离的自然村进行赘述。

表 6.4　　　　　　　　　　　　自然村避险转移路线统计分析结果

区域名称	转移路径及建议自行撤离	转移批次	路径长度/m	通行时间/s
细熊村	沿塥里村乡道（自行撤离）	3	851	265.1
老基戴	沿新基戴乡道（自行撤离）	3	360	112.2
井里王	沿淦坊村方向昌九大道	3	3149	272.9
联丰村	沿联丰村乡道（自行撤离）	3	807	251.6
杨家塘	沿杨家塘乡道、淦坊村方向昌九大道	3	4200	494.1
冯家村	沿冯家村乡道、淦坊村方向昌九大道	2	4200	448.0
小江高家村	沿小江高家村乡道（自行撤离）	2	120	37.3
破园头	沿破园头乡道（自行撤离）	3	174	54.1
寒湖村	沿寒湖村乡道（自行撤离）	3	433	118.9
细圩村	沿联群村乡道到达	3	3304	685.8
邓家村	沿邓家村乡道（自行撤离）	3	241	56.3
邻圩村	沿永善村、寒湖村乡道	3	2869	641.2
吕家村	沿小江高家村乡道（自行撤离）	3	783	221.6
沙墩村	沿沙墩村乡道（自行撤离）	3	194	60.5
仓下	沿仓下乡道（自行撤离）	3	172	53.6
天寺林	沿上天寺林乡道	3	1182	166.0
孙家村	沿沙洲头村方向昌九大道	3	2738	290.0

区域名称	转移路径及建议自行撤离	转移批次	路径长度/m	通行时间/s
圩上	沿圩上乡道（自行撤离）	3	91	15.1
周坊村	沿周坊村乡道到达（自行撤离）	3	555	173.1
爱群村	沿勒家头村方向昌九大道	3	4535	447.2
红旗村	沿沙洲头村方向昌九大道	1	2219	332.3
沙洲头	沿沙洲头村乡道（自行撤离）	3	126	39.4
大湖潭徐村	沿勒家头村方向、沙洲头方向昌九大道	3	3724	422.1
五星村	沿五星村乡道（自行撤离）	3	78	24.3
田埠熊	沿赵家嘴、破园头乡道	2	1536	478.8
细圩角	沿三角圩、沙墩村乡道	3	3638	635.8
周家湖	沿井里王村乡道、淦坊村方向昌九大道	3	5013	655.7
联群村	沿联群村乡道（自行撤离）	3	767	239.0
花坽嘴江家	沿圩上乡道（自行撤离）	3	516	86.3
永丰村	沿永丰村乡道	3	1598	267.0
大房村	沿勒家头乡道、沙洲头村方向昌九大道	3	3406	366.4
骆滩	沿周坊村乡道	3	2116	353.5
三角圩	沿沙墩村乡道	2	3007	530.3
柯家	沿柯家乡道（自行撤离）	3	127	22.5
里港村	沿里港村乡道（自行撤离）	3	80	24.8
郝家村	沿联群村乡道	3	1350	420.9
赵家嘴	沿破园头乡道	1	1037	323.1
埚里村	沿埚里村乡道（自行撤离）	3	190	59.4
新基戴	沿新基戴乡道（自行撤离）	3	165	51.3
淦坊村	沿淦坊村乡道（自行撤离）	3	332	71.5
长滩戴	沿联群村乡道	3	1015	316.3
白沙夹熊村	沿白沙夹熊村乡道（自行撤离）	3	242	57.1
上天寺林	沿上天寺林乡道、昌九大道（自行撤离）	2	709	101.6
五房戴村	沿五房戴村乡道（自行撤离）	3	680	180.1
永善村	沿寒湖村乡道	3	1831	305.8
勒家头	沿沙洲头村方向昌九大道	3	2979	233.4
沙湖袁	沿沙湖袁乡道、淦坊村方向昌九大道	2	4087	383.5
黄家村	沿沙洲头村方向昌九大道	3	3259	320.7
范家村	沿沙洲头村方向昌九大道	3	3598	299.7
港口程	沿港口程乡道（自行撤离）	3	351	109.5
湖中心	沿湖中心乡道	2	2067	345.2

由洪灾避险转移路径统计分析可见，自然村转移至安全点的通行时间大多在 10min 以内，表 6.4 中通行时间并不代表实际的避险转移耗时，实际避险转移耗时还包含重要财产的转移耗时、居民集合到达出发点的耗时等。通行时间是路程中所需耗时，用来比对不同转移路线的优劣。通常在省道周边自然村的转移耗时更小，由表 6.4 可知，沙湖袁的时间路权为 383.5s，远小于细圩角的时间路权 635.8s，但是沙湖袁的实际转移路程为 4087m，却大于细圩角的实际转移路程 3638m，这是由于洪灾避险转移模型会选择优先级较高的省级转移道路，筛选总通行最少的避险转移路径，尽管避险转移道路总长增加，但是时间却减少。

根据图 6.5 及表 6.4 可见，虽然黄家村、范家村、勒家头、大房村和红旗村等的转移路线是沿沙洲头村方向昌九大道，该避险转移路线更接近于溃口，但是在实际三角联圩溃决后，洪水会很快淹没溃口周边道路，导致黄家村、范家村、勒家头、大房村和红旗村等自然村设定的避险转移路线不合理。因此，按照不考虑洪水影响工况设计最优避险转移路线，预定路线通常不切实际或者存在的风险较高。一般情况下，在该工况下设定的洪灾避险转移方案适用于预警时间较长或者采取主动分洪方式，使得区内居民有充足的时间进行避险转移撤离，并在撤退时受洪水影响较小。

6.2.3　有洪水影响工况分析

随着圩内洪水涌入，避险转移道路逐渐被淹没，本工况可以进一步考虑洪水对避险转移的影响。始末时间为 2020 年 7 月 12 日 19 时至 7 月 17 日 0 时，即溃口历时，设置时间间隔为 2h，每 2h 读取一次洪水淹没数据，去除表 6.4 可自行撤离的 25 个自然村，以三角联圩内 26 个自然村为基本避险转移单位，水深大于 0.5m 的道路重新设定为"不可通行"状态，通过更新道路网络数据集，建立动态避险转移模型实时更新避险转移道路，见表 6.5。

表 6.5　　　　　　　融合洪水信息下的自然村避险转移统计分析结果

区域名称	路径长度/m	通行时间/s	安全转移时间/h	区域名称	路径长度/m	通行时间/s	安全转移时间/h
井里王	3149	272.89	0~18	周家湖	5012	655.74	0~14
	3166	275.37	18~20	永丰村	1598	266.98	0~24
	2503	418.19	20~22	大房村	3405	366.43	0~6
杨家塘	4200	494.06	0~14		5344	496.70	6~10
冯家村	4199	448.02	0~14	骆滩	2116	353.50	0~14
细圩村	3303	685.79	0~20	三角圩	3006	530.27	0~16
邻圩村	2868	641.16	0~22		3796	796.92	16~18
天寺林	1182	166.03	0~26	郝家村	1350	420.89	0~20
孙家村	2737	289.96	0~6	赵家嘴	1036	323.06	0~12
	2164	461.68	6~8	长滩戴	1015	316.25	0~20
	1624	506.28	8~10	永善村	1830	305.77	0~24

区域名称	路径长度/m	通行时间/s	安全转移时间/h	区域名称	路径长度/m	通行时间/s	安全转移时间/h
爱群村	4534	447.20	0～6	勒家头	2978	233.43	0～6
	5583	513.63	6～12		4917	363.70	6～10
红旗村	2219	332.31	0～6	沙湖袁	4087	383.53	0～14
	6492	807.76	6～8		5387	736.86	14～16
大湖潭徐村	3724	422.07	0～6	黄家村	3258	320.66	0～6
	5457	531.80	6～10		5356	453.45	6～8
	2080	648.26	10～14	范家村	3597	299.71	0～6
田埠熊	1536	478.78	0～16		4319	328.46	6～14
	2860	891.45	16～20		2595	433.55	14～16
细圩角	3638	635.77	0～14	湖中心	2067	345.24	0～22
	3830	750.81	16～20				

表 6.5 展示了 26 个自然村避险转移路线的路径长度、通行时间和安全转移时间。其中，安全转移时间表示在允许时间内避险转移道路安全且可行，在允许时间外，村庄无法通过设定的路线进行安全转移。表 6.5 中的井里王在溃决后的 0～18h，采用动态避险转移模型计算的路径长度为 3149m，对应的通行时间为 272.89s。在 18h 后，原定避险转移路线需要重新规划，因为该动态避险转移模型融合了溃决 18h 的洪水淹没数据，需要重新确定避险路线。在溃决后的 18～20h，计算的路径长度为 3166m，对应的通行时间为 275.37s。每次模型融合洪水信息，都需要重新确定避险路线。在 20～22h，计算的路径长度为 2503m，对应的通行时间为 418.19s。

对比分析表 6.5 和表 6.4 可知，表 6.4 中黄家村的转移批次为第三批次，按照转移批次划分规则，第三批次的村庄洪水到达时间大于 24h，但是在实际洪水淹没过程中，洪水可能会提前淹没该村庄的出村道路，见表 6.5，黄家村的可安全转移时间仅为决堤后的 8h 内。大房村的转移批次同样为第三批次，实际的可安全转移时间共计 10h，勒家头、沙湖袁、爱群村、范家村、大湖潭徐村以及孙家村等村庄的实际安全转移时间远小于村庄的洪水到达时间。因此，通过村庄的洪水到达时间判断该村庄的转移批次会导致村庄居民所受到的风险增大，需要采用动态避险转移模型考虑洪的水影响，计算村庄的实际安全转移时间。

为了进一步判断村庄按照动态避险转移模型应该如何具体进行转移，图 6.6 给出了表 6.5 中爱群村、范家村、大湖潭徐村以及孙家村这 4 个村庄的动态避险转移分布图。对于爱群村，图 6.6（a）中爱群村 0～6h 的避险转移道路为沿勒家头村方向昌九大道转移至目的地 1-1，表示在进洪的 0～6h 避险转移道路不用变更，可安全转移，在溃口进洪 6h 后，洪水淹没了初始的 0～6h 的避险转移道路，被淹没的道路设定为"不可通行"状态，需要重新制定新的避险转移道路方案。在动态避险转移模型融合 6h 的洪水淹没数据后，求解得到溃决后 6h 的避险转移道路，如图 6.6（a）中的 6～12h 的避险路线至目的地 1-

2，避险转移路径长度为 5583m，通行时间为 513.63s。但是当融合 12h 后洪水淹没数据至避险转移模型中，动态避险转移模型无法求解，表示在溃决 12h 后，爱群村所有可用的避险转移道路全部被淹没或者被洪水截断，无法向外安全转移群众，只能通过冲锋艇等载人工具转移圩内居民。

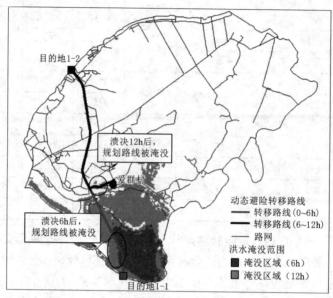

（a）爱群村避险转移

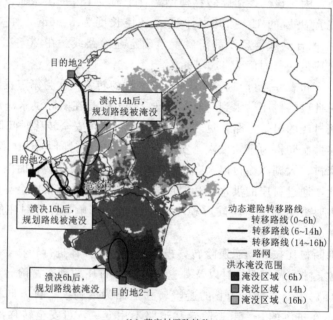

（b）范家村避险转移

图 6.6（一）　动态避险转移路线分布

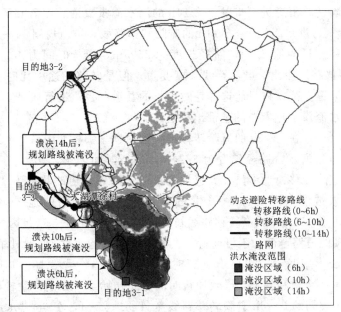

（c）大湖潭徐村避险转移

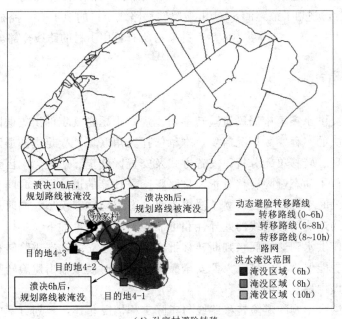

（d）孙家村避险转移

图 6.6（二） 动态避险转移路线分布

对于范家村，在进洪 0～6h 避险转移道路为沿沙洲头村方向昌九大道转移至目的地
2-1，如图 6.6（b）所示，避险转移路径长度为 3597m，通行时间为 299.71s，在 6h 后，
洪水淹没了 0～6h 的避险转移路线，模型重新规划了范家村的避险转移道路，由原来的沿
沙洲头村方向昌九大道的路线转换为沿淦坊村方向昌九大道的 6～14h 的避险至目的地 2-
2 路线，避险转移路径长度为 4319m，通行时间为 328.46s，转移的路线长度和通行时间

更长。当动态避险转移模型进一步融合第 14h 的洪水淹没数据后，第 14h 的洪水淹没区域如图 6.6（b）所示，洪水淹没了 6～14h 的避险转移路线，重新规划 14～16h 的避险转移路线，将居民转移至目的地 2－3，路径长度为 2595m，通行时间为 433.55s，与原有的 6～14h 的避险转移路线相比，虽然路线长度变短，但是转移的途中耗时更长，这是由于洪水淹没了昌九大道，范家村只能选择耗时更长的县道和乡道进行居民安全转移。在堤防溃决 16h 后，洪水淹没了范家村的全部出村道路。

对于大湖潭徐村，在 0～6h 的避险转移路线为沿勒家头村方向昌九大道转移至目的地 3－1，如图 6.6（c）所示，路径长度为 3724m，通行时间为 422.07s，在 6h 洪水淹没昌九大道后，动态避险转移模型将昌九大道被淹没的道路设定更改状态为"不可通行"，因此需要重新规划未被洪水淹没的 6～10h 的避险转移路线至目的地 3－2，路径长度为 5457m，通行时间为 531.80s，新转移路线长度和通行时间更长，这是因为图 6.6（c）中 10h 后被洪水淹没的道路全部为不可通行，大湖潭徐村只能通过 10～14h 的路线进行转移至目的地 3－3，路径长度为 2080m，通行时间为 648.26s。虽然 10～14h 的路径长度更少，但是路线基本为乡道和县道，导致通行时间远超初始 0～6h 的避险转移路线。

对于孙家村，规划的 0～6h 避险转移路线至目的地 4－1，在 6h 洪水淹没后，变化为 6～8h 的避险转移至目的地 4－2，如图 6.6（d）所示，路径长度为 2164m，通行时间为 461.68s。在 8h 后，规划了最终的 8～10h 避险转移路线至目的地 4－3，路径长度为 1624m，通行时间为 506.28s，在溃口进洪 10h 后，孙家村所有可用出村的路线全部被淹没。

6.3 本章小结

本章针对溃堤洪水灾害中居民避险转移路线规划难题，既定的洪灾避险转移预案无法满足圩堤突然溃决的工程实际情况需要，本章依托三角联圩，立足堤防避险转移实际，从道路网络数据处理、转移单元分析、安置方式及安置区确定、避险影响因素设计、最优路线求解等方面进行了动态避险转移分析，将路阻函数计算的道路通行时间作为最优路径求解，结合洪水淹没时空分布特征建立了溃堤洪水动态避险转移模型，同时对比分析了有无洪水影响工况下的避险转移路线的差异性和可靠性。主要结论如下：

（1）通过村庄洪水到达时间来判断转移批次相比，建立的动态避险转移模型计算村庄的安全转移时间更能保障圩内风险人群安全撤离，可实时模拟输出避险转移路线，为紧急情况下抢险部门提供最直观的方案。

（2）不考虑洪水影响的避险转移路线与实际工程情况相悖，规划方案中存在部分不合理的路线，预定路线不可行且风险较高。幸运的是，溃堤洪水动态避险转移模型可以考虑溃堤洪水对避险转移道路的影响，动态实时输出洪灾避险转移路线。

（3）无洪水影响的避险转移规划方案适用于预警时间较长或者采取主动分洪方式，有洪水影响的避险转移规划方案适用于蓄滞洪区及圩堤保护区的堤防被动瞬溃，圩堤内居民没有充足时间进行转移的情形。

本 章 参 考 文 献

［1］　王炜，徐吉谦. 城市交通规划理论与方法［M］. 北京：人民交通出版社，1992.

［2］　郑远，杜豫川，孙立军. 美国联邦公路局路阻函数探讨［J］. 交通与运输，2007（1）：24-26.

［3］　宋文涛. 防洪保护区洪水风险评价与避险转移方案研究［D］. 大连：大连理工大学，2016.

［4］　中华人民共和国住房和城乡建设部. 城市道路工程设计规范：CJJ 37—90［S］. 北京：中国建筑工业出版社，2012.

［5］　中华人民共和国建设部. 城市道路交通规划设计规范：GB 50220—95［S］. 北京：中国计划出版社，1995.

［6］　王婷婷. 洪灾避险转移模型及应用［D］. 武汉：华中科技大学，2016.

［7］　支欢乐. 溃堤洪水灾害损失评估及避险转移模型研究［D］. 南昌：南昌大学，2022.

［8］　王海菁. 康山蓄滞洪区避洪转移安置研究［D］. 南昌：南昌大学，2015.

第7章 堤防工程全寿命周期风险评估与管理

　　针对鄱阳湖区堤防工程在全寿命周期内不同阶段存在不同程度的风险管控问题，并且每个阶段的失事原因、风险对象和风险模式均存在很大的差异性等，本章系统研究了开展各阶段风险评估和全寿命周期风险调控问题，构建堤防工程全寿命周期风险评估和管理体系，提出堤防工程多元风险指标评价方法，有望实现堤防工程全寿命周期风险管理调控的相互衔接及信息共享。最后，依托康山大堤，构建多元风险评估指标体系，运用极限学习机算法计算多元风险指标值，再进行风险评价。研究结果得出康山大堤目前处于基本安全水平，符合康山大堤经过两次工程加固后的实际状况。所建立的堤防工程全寿命周期风险评估与管理框架可拓展应用到土石坝、水闸和尾矿坝等其他水工结构风险评估中。

7.1　全寿命周期风险管理

　　借鉴由三个维度组成的霍尔三维结构思想[1]，结合堤防工程系统特征，将堤防工程风险管理理论拓展到三维（时间维、知识维和逻辑维），形成赋有堤防工程风险管理内涵的三维风险管理结构。其中时间维是指规划设计阶段、施工建造阶段和运营服务阶段三个阶段；知识维是为调控堤防工程风险的手段和技能储备；逻辑维是调控和评估堤防工程风险逻辑过程，即风险分析、风险评估和风险决策。

　　近年来，工程全寿命周期这一理念在水利、桥梁、公路等工程结构领域逐步得到重视和应用，其以规划设计、施工建造、运营服务、退役等阶段来定义工程对象从萌芽到拆除或再利用及复原等整个过程[2-4]。建立堤防工程全寿命周期风险管理体系可更有效地控制堤防溃决造成的生命损失、经济损失和生态环境损失。本章利用霍尔三维结构构建适用于堤防工程系统风险分析模型，对堤防工程全寿命周期内各个阶段进行风险评估及风险决策。由于各个阶段的侧重点不同，为此每个阶段需要采用相适应的定性或定量风险评估方法。全生命周期风险评估和风险管理最大的特点就是能够开展周期性的风险评估管理，使得每个阶段的风险信息得到有效传递，决策成果相互支撑，有助于将风险控制在可接受标准范围内。同时，进行动态的风险评估和风险管理可以提高风险评估的精度和管理决策的可靠性，实现持续、系统和专业的堤防工程全寿命周期风险管理。

　　目前，Fell 等[5] 提出的国际滑坡风险管理理论框架已被成功应用于工程边坡和自然斜坡的滑坡风险评估及管理中，并可以被调整以适应各种类似问题，为此本章借鉴 Fell 等[5] 提出的国际滑坡风险管理理论框架构建堤防工程全寿命周期风险管理框架。该框架主要由定义分析范围、危险性分析和灾害后果严重性分析三部分组成。

（1）定义分析范围是指从全寿命周期的划分、辨识承灾体及灾害体和分析风险因子来定义，结合堤防工程自身特点，从全寿命周期内拟定堤防风险因子，分析堤防风险因子。

（2）危险性分析包括灾害特征描述和工程失效概率分析两方面，用于堤防失事灾害特征描述与堤防溃决概率分析。

（3）灾害后果严重性分析主要是分析堤防溃决造成的生命、经济和环境损失估算，进而分析损失是否在容许范围内，做出相应的风险评价和效益分析，制定相关的风险调控对策，使得堤防溃决风险得到有效控制。除此之外，还需要建立反馈机制来形成动态的风险管理与决策，具体风险管理技术框架如图7.1所示。

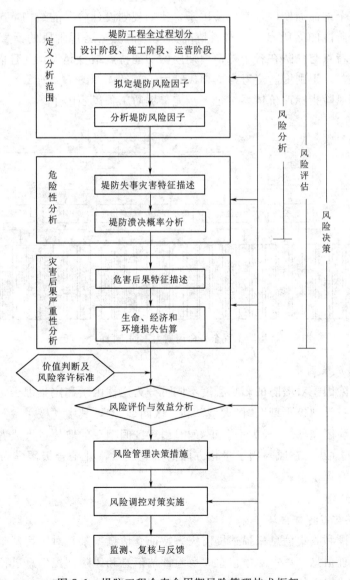

图 7.1　堤防工程全寿命周期风险管理技术框架

7.2 全寿命周期风险分析

7.2.1 分析范围

1. 全寿命周期划分

堤防工程风险在全寿命周期内的严重程度不同，风险源、影响因子、风险损失以及风险调控措施都有所不同，风险分析的对象、环境和方法也存在较大的差异，所以要清楚堤防处于哪一阶段，实时收集风险资料，明确风险对象，再有针对性地进行风险分析，以及制定对策对症下药，实现对风险的有效控制。

2. 识别堤防风险因子

堤防工程各个寿命周期内都有风险因子，比如规划设计阶段的结构情况、材料参数及功能情况，施工阶段的碾压参数、材料情况及施工情况，运营阶段的预警情况和管理情况，将堤防自身特点与堤防在各个寿命周期内的功能特点结合起来，并且借鉴相关堤防风险因子研究成果[6]，识别堤防全寿命周期风险因子，具体如图 7.2 所示。本章建立的堤防工程全寿命周期风险指标评价体系可进一步完善堤防工程风险因子。

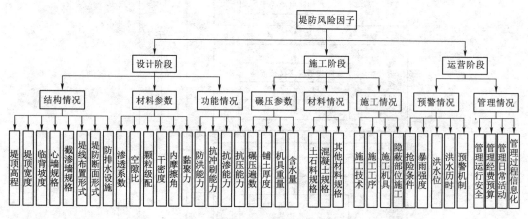

图 7.2 堤防工程全寿命周期内不同阶段的风险因子

3. 量化堤防风险因子

根据堤防风险因子对堤防的影响程度不同可分为定性因子和定量因子。根据文献，定量因子可以分为三类"极小型""极大型"和"区间型"[6]。其中"极小型"因子表示该因子的值越大，风险度越低，"极大型"正好相反，"区间型"的取值过大或者过小都会导致风险增大。借鉴丁丽[6] 在风险因子量化方面的研究成果，并结合极限学习机算法来获得堤防工程风险综合评价值。

7.2.2 危险性分析

1. 堤防失事灾害特征描述

确定分析范围和收集信息来描述堤防灾害特征。信息编录是对工程基础信息、风险因子信息、工程治理信息、承灾对象信息、风险评估信息和风险调控信息进行收集，并综合利用起来系统描述灾害特征。在堤防全寿命周期内，不同阶段收集的信息各不相同且关键信息点不同。在规划设计阶段，堤防设计信息只有地勘信息、设计方案和风险调控预案等比较模糊；在施工建设阶段，结合施工过程中反馈的信息以及监控测量信息，重点开展设计方案调整和风险动态评估与管理，使信息进一步完善补充；在运营服务阶段，收集设计和施工阶段的基本信息后，着重监控服役阶段风险、养护加固等风险管理信息。整个全寿命周期内信息数据库更新迭代，不同阶段信息共享，以降低堤防溃决失事风险[2]。

2. 堤防失事概率计算

堤防失事根据失事风险一般包括水文失事风险、渗透破坏风险和堤坡失稳风险[7]。堤防溃决大多是由渗透破坏所致，渗透破坏主要分为堤身和堤基失事两大类。堤身出现散浸、漏洞和集中渗流。堤基出现泡泉、砂沸、土层隆起、浮动、膨胀、断裂、流土、接触冲刷和接触流失等多种形式管涌。堤身或堤基产生渗透破坏的主要原因是随着汛期水位的升高，背水侧堤身或堤基渗透出逸比降超过抗渗临界比降，造成渗透破坏[8]。

堤防工程发生水文失事主要是由于堤顶高程不达标或防洪标准不够引起，其中洪水漫顶失事的原因主要有 5 种[6]：①堤防工程等级较低；②堤防沉降过大；③堤防施工质量不达标；④出现超标准洪水；⑤河道行洪断面不达标。

堤防失稳破坏包含局部失稳和宏观失稳两个方面，主要表现为跌窝、裂缝、脱坡、崩岸、滑坡和地震险情等类型。堤防局部或整体滑坡会导致堤防失事，根据断裂滑动位置，滑坡发生在退水期高水位或发生崩塌的河岸段，背水侧滑坡发生在汛期高水位或发生渗流破坏的岸段。崩塌主要发生在临水坡滩地坡度较陡的堤段[7]。

从安全性角度出发，结合堤防工程风险分析实践和处理方法，假设不同单元堤段的破坏模式相互独立。根据 4.4.4 节可知，单元堤段的综合失事概率[9] 为

$$P_f \approx P_{水文} + P_{渗透} + P_{失稳} \tag{7.1}$$

式中：P_f 为综合失事概率；$P_{水文}$ 为水文失事概率；$P_{渗透}$ 为渗透破坏概率；$P_{失稳}$ 为堤坡失稳概率。

目前常用的失事概率分析方法主要有历史记录法、工程类比法和可靠度分析方法，简要介绍如下：

（1）历史记录法[8]。通过长期的堤防工程安全监测与统计分析，得到不同类型的失效概率，也可根据堤防结构参数、水位等与失效概率之间的相关关系来推测溃堤概率。由于历史数据可能缺失或存在偶然性，该方法主要适用于运营阶段长期监控。

（2）工程类比法[8]。基于相似区域已有堤防工程溃堤数据资料，结合堤防工程分级和专家经验，进行工程类比分析，得到相应类型和规模的堤防溃决灾害失事概率，具有很强的区域性，在各个阶段都有较强的适用性[9]。

（3）可靠度分析方法。该方法可考虑堤身及堤基土体物理力学参数的不确定性，将土体参数视作为随机变量，其中蒙特卡洛模拟方法原理清晰简单，并且不受随机变量分布类型的限制，计算精度高，在工程界得到广泛应用[10]。然而，由于土体参数概率分布需要基于有限的勘察资料进行推求，以及该方法基于有限元分析的计算量非常大，需要修改有限元源代码。因此，近年来发展起来的非侵入式随机有限元法逐步在堤防工程规划设计阶段得到一定的应用[11]。

7.2.3 后果严重性分析

下面主要通过风险定性估算方法和风险定量评估方法这两方面进行后果严重性分析。

1. 风险定性估算方法

目前，常采用可靠度分析方法来评估堤防溃决风险（等于失事概率与后果的乘积）。虽然高概率事件与低概率事件的影响程度相差很大，但是概率与后果的乘积可能相同，甚至可能得出相反的结论。为此，考虑堤防失事概率与失事后果严重度级别设置的一致性，拟定风险标准，见表 7.1。此风险标准既可以作为风险评估初步评判标准，也可作为定性评价方法的风险标准[6]。

表 7.1   风 险 评 价 标 准

事故可能性	风 险 大 小				
	轻微	一般	较严重	严重	极其严重
非常可能	S	M	M	H	H
有时	L	S	M	H	H
极少	L	L	S	M	H
不可能	L	L	S	M	M

注 H 表示"不可接受"的风险，需立即采取除险加固措施；M 表示"有条件可容许"的风险，需进行风险评价和加固处理后，对安全性进行论证；S 表示"有条件的可接受"的风险，经过管理和特定措施处理后，工程达到安全标准；L 表示"可接受"的风险，只需正常的维修养护即可保证其安全运行。

借鉴美国垦务局对风险定性描述与定量概率间的转换表[12]，拟定风险可能性定量值与风险定性描述间的转换表[6]，见表 7.2。这种定性评估方法适用于较粗略的风险估计，如在设计初期阶段判断设计方案的可行性。

表 7.2   风险定量概率与风险定性评价之间的转换

定性描述	风险度（风险因子组合风险评价模型结果）	概率（随机风险模型结果）
非常可能	0.9～1.0	0.99
有时	0.7～0.9	0.5
极少	0.5～0.7	0.1
不可能	<0.5	0.001

2. 风险定量评估方法

堤防溃决风险表示为堤防综合失事概率和失事后果的乘积[10]，定量评估方法可精确量化堤防溃决风险。其中生命损失对应的风险指标按下式进行定量估算，即

$$R_L = P_f L_{LOL} \tag{7.2}$$

式中：LOL 为潜在的生命损失人口数，人；L_{LOL} 为 LOL 对应的溃决后果综合系数，近似表示每年溃堤生命损失，见表 7.3。溃堤潜在生命损失人口数 LOL 计算主要有累计加权法、$F-N$ 线和经验公式法等[13]。

经济损失可分为直接经济损失和间接经济损失，直接经济损失表示堤坝本身和附属建筑物等基础设施的损失，间接经济损失一般与直接经济损失成比例关系。溃堤洪水造成的经济损失对应的风险指标 R_D 可用下式进行计算[13]：

表 7.3   溃堤后生命损失后果综合系数

生命损失/人	1~10	10~100	100~500	500~1000	1000~5000	5000~10000	10000~30000	30000~50000
综合系数赋值	0.1~0.2	0.2~0.4	0.4~0.5	0.5~0.6	0.6~0.7	0.7~0.8	0.8~0.9	0.9~1.0

$$R_D = L_D P_f = L_{(D_{corps}+D_y+D_k+D_s+D_{gg})} P_f \tag{7.3}$$

式中：D 为潜在经济损失；D_{corps} 为农作物经济损失；D_y 为渔业经济损失；D_k 为工矿业经济损失；D_s 为商业经济损失；D_{gg} 为基础设施经济损失。L_D 为 D 对应的溃决后果综合系数，见表 7.4。

表 7.4   溃堤后经济损失后果综合系数

经济损失/亿元	0.001~0.01	0.01~0.1	0.1~0.5	0.5~1	1~5	5~10	10~100	100~500
综合系数赋值	0.01~0.1	0.1~0.2	0.2~0.3	0.3~0.4	0.4~0.5	0.5~0.6	0.6~0.8	0.8~1.0

堤防溃决造成的生态环境损失涉及面较广，计算过程也较复杂，其风险标准也难以确定，国际上对此研究也不多，至今也未提出合适的风险标准[14]。本节采取 5.2.3 节条件价值评估法计算溃堤洪水造成的生态环境损失，并结合鄱阳湖区实际情况，基于鄱阳湖区调查数据和生态环境损失统计数据，借鉴国际上流行的 $F-N$ 线法，得出溃堤洪水造成的生态环境损失，初步拟定鄱阳湖区堤防溃决生态环境风险标准。

7.2.4 生态环境损失评估

本章采用的条件价值评估法是基于问卷调查的方式来获得环境非使用价值的一种方法[15-16]。通过调查获得人们愿意为修复生态环境的支付意愿，支付意愿的累加即为环境的非使用价值。条件价值评估法的提出到应用已发展了几十年，这个领域的相关学者对问卷的设计、调查数据分析的研究已经日趋完善，无论是在理论上还是实践上都已证实这是一种比较直接的环境价值评估方法。

问卷设计时首先设计一个虚拟的市场，确定评价对象为鄱阳湖区重点堤防的环境经济价值。调查对象是受益区的普通居民，即鄱阳湖区重点堤防工程保护范围内的居民。条件价值法问卷设计的核心是用来估计居民的支付意愿。其中问卷调查设计的关键是要对居民的支付意愿进行统计，首先要了解调查对象的信息特征、环境问题的认知、关键估值问题的支付意愿。关键问题问卷调查举例如下：

（1）江西省政府投资每年投资数亿元整治鄱阳湖区的堤防工程，使鄱阳湖区堤防工程更安全更可靠，到目前为止，鄱阳湖区的重点堤防工程均处于一个较高的可靠程度。根据目前鄱阳湖区人口，以上费用分摊到每人每年约为 800 元，您认为是否合理：

A. 是   B. 否

（2）上述堤防工程整治的费用，由居民自愿选择支付额度，您家愿意每年支付：

A. 0 元   B. 1~100 元   C. 100~300 元   D. 300~500 元

E. 500~800 元   F. 800~1000 元   G. 1000~1200 元   H. 1200~1500 元

I. 1500~2000 元   J. 2000 元以上

（3）如果您愿意为环境修复支付相应的货币，您会采取以下哪种方式：

A. 现金   B. 实物   C. 义工

问卷调查实施步骤如下：

（1）鄱阳湖区有 18 个县有重点堤防，重点堤防周边人口差别不大。考虑到湖区堤防附近居住的人口较多，故选取余干县康山蓄滞洪区内 6 个村作为调查点，每个村的样本数为 100 个，共计 600 个样本进行问卷调查。

（2）为提高问卷的回收率，提升数据采集的质量，采用面对面的调查方式。

通过问卷调查获得的调查对象的基本特征情况见表 7.5，可见样本具有一定的代表性。

表 7.5　　　　　　　　　　　调查对象的基本特征情况

条　件	特　征	数　量	比例/%
性别	男性	273	45.50
	女性	327	44.50
年龄段	20 岁以下	120	20.00
	20~30 岁	136	22.67
	30~40 岁	134	22.33
	40~60 岁	121	20.17
	60 岁以上	89	14.83
教育	初中及以下	58	9.67
	高中	154	25.67
	高职	165	27.50
	本科	178	29.67
	硕士以上	45	7.50
工作性质	政府机关	175	29.17
	企业员工	327	54.50
	部队	30	5.00
	其他	68	11.33
月收入	1000 元以下	36	6.00
	1000~2000 元	49	8.17
	2000~3000 元	134	22.33
	3000~4000 元	163	27.17
	4000~5000 元	162	27.00
	5000~6000 元	51	8.50
	6000 元以上	5	0.83
您对洪灾关注多少	时常关注	157	26.17
	偶尔关注	362	60.33
	极少关注	47	7.83
	不关注	34	5.67

为调查对象对环境问题的认知，表7.6统计了调查对象对环境问题的看法。

表7.6 调查对象环境认知统计

关 键 问 题	问题属性	样本数	比例/%
鄱阳湖区如果堤防溃决，您认为什么最应该保护？	生命	205	34.17
	农田水产	255	42.50
	工业设施	47	7.83
	道路设施	53	8.83
	房屋建筑	40	6.67
您认为堤防溃决有哪些因素？	漫顶	220	36.67
	满溢	223	37.17
	失稳	95	15.83
	渗透	43	7.17
	堤身滑坡	19	3.17
您认为堤防安全对周边居民的生活影响如何？	极大	50	8.33
	较大	237	39.50
	一般	257	42.83
	可忽略	50	8.33
	无影响	6	0.10
您认为每年对堤防进行险情排查和管理，以便确保堤防安全这件事是否重要？	极其重要	136	22.67
	非常重要	345	57.50
	较重要	68	11.33
	一般重要	47	7.83
	可忽略	4	0.06
您认为居民对堤防安全的保护意识是否重要？	极其重要	138	23.00
	非常重要	358	59.67
	较重要	60	10.00
	一般重要	40	6.67
	可忽略	4	0.06
您是否赞成居民对堤防进行保护和一定的经济投入？	非常赞成	48	8.00
	一般赞成	185	30.83
	可有可无	243	40.50
	可忽略	102	17.00
	不赞成	24	4.00

为分析调查对象的支付意愿，表7.7给出了关键问题的调查估值。从以上调查数据可知，有99.69%的人保护环境意识较高且愿意承担修复环境费用，说明居民有较高的支付意愿，并且由数据显示居民选择支付方式为现金支付占比高达86.83%。

表 7.7　　　　　　　　　　　　　调查对象的支付意愿统计

关 键 问 题	问题属性	样本数	百分比
堤防溃决造成环境破坏的费用从居民各项税费征收。您认为是否愿意	否	7	0.31
	是	593	99.69
上述堤防整治的费用，居民自愿捐献，您家愿意每年支付	0 元	2	0.00
	1~500 元	19	3.17
	500~800 元	6	1.00
	800~1000 元	421	70.17
	1000~1500 元	35	5.83
	1500~2000 元	51	8.50
	2000 元以上	68	11.33
您会选择以下哪种支付方式	现金	521	86.83
	实物	22	3.60
	义工	57	9.50

综上所述，可得人们愿意为修复生态环境的支付意愿情况如下：

被调查者支付意愿分布结果直接会影响到如何估计被调查者的支付意愿（Willingness To Pay，WTP），根据实际调查数据，支付意愿服从正态分布。对调查数据进行因素分析，可较好地了解调查者情况对 WTP 的影响程度，得出各影响因素与 WTP 的关系矩阵，见表 7.8。显然，支付意愿水平与被调查者受教育程度、收入状况、对环境的认知度成正相关，与被调查者对环境的满意度呈负相关，与其年龄、性别、职业关系明显。

表 7.8　　　　　　　　　　　　各影响因素与 WTP 的关系矩阵

项目	性别	年龄	职业	收入	学历	环境认知	环境满意度	WTP
性别	1	0.025	−0.039	−0.196	−0.029	−0.185	−0.025	−0.176
年龄	0.034	1	−0.609	0.368	−0.084	0.175	−0.156	−0.143
职业	−0.039	−0.519	1	−0.467	0.051	−0.068	0.246	−0.049
收入	−0.197	0.458	−0.547	1	0.237	−0.076	−0.183	0.79
学历	−0.029	−0.174	0.061	0.237	1	−0.306	−0.143	0.634
环境认知	−0.195	0.185	−0.038	−0.026	−0.396	1	0.044	0.785
环境满意度	−0.035	−0.166	0.236	−0.163	−0.148	0.034	1	−0.569
WTP	−0.196	−0.24	−0.069	0.379	0.654	0.785	−0.509	1
性别		0.365	0.479	0.026	0.442	0.019	0.39	0.016
年龄	0.375		0	0	0.213	0.025	0.027	0.069
职业	0.380	0		0	0.26	0.218	0.004	0.246
收入	0.026				0.059	0.194	0.019	0.002
学历	0.532	0.303	0.36	0.069		0	0.039	0.36
环境认知	0.009	0.015	0.238	0.240	0		0.347	0.168

项目	性别	年龄	职业	收入	学历	环境认知	环境满意度	WTP
环境满意度	0.29	0.047	0.024	0.039	0.059	0.347		0.128
WTP	0.016	0.069	0.246	0.002	0.36	0.178	0.138	

根据调查者回答的 WTP 分布情况，通过模型估计和回归，可以计算得到这次问卷调查的平均支付意愿，采用离散变量 WTP 的数学期望表示为

$$E(\text{WTP}) = \sum_{i=1}^{n} A_i P \tag{7.4}$$

式中：A_i 为投入金额；P 为样本选择该金额的概率；n 为选择数目，$n=10$。调查结果的正支付意愿的期望 $E(\text{WTP})=780$ 元/（年·人）。非负支付意愿等于正支付意愿的数学平均值乘以正支付意愿的被调查者占全部被调查者的比例，因此 $E(\text{WTP})=780 \times 99.69\% = 776.87$ 元/（年·人）。因此，鄱阳湖区重点堤防整治工程的居民平均支付意愿为每人 $776.87 \sim 780$ 元/年。

7.3 多元风险评估指标体系

为提高堤防工程全生命周期风险评估精度，本章提出基于极限学习机的堤防工程多元风险指标评价方法。首先，综合考虑 28 个堤防风险指标，利用层次分析法从预警系统、堤防工程系统、环境系统和社会经济系统这四个方面建立堤防工程多元风险评估指标体系。接着，采用极限学习机算法对 28 个风险指标进行标准化处理，以风险指标作为输入量，分级隶属度作为输出量，划分风险等级，量化评价指标，估计多元风险指标值和判断风险严重程度。

7.3.1 极限学习机算法

与反向传播神经网络等算法相比，极限学习机（Extreme Learning Machine，ELM）算法结构较为简单，一旦确定了激励函数和隐含层节点参数数目，ELM 参数选择更为方便，并且 ELM 算法不容易陷入局部最小值，训练效果较好，训练速度快。鉴于 ELM 算法评价精度高和泛化能力强[17-18]，本章选取 ELM 算法进行堤防工程多元风险指标综合评价。

极限学习机算法[17-18] 是一种新型的快速学习算法，是单隐藏的前馈型神经网络。与传统的前馈型神经网络相比，除了预定义的网络体系结构，无需手动调整任何参数。仅需要确定隐含层神经元数目，比传统的机器学习算法速度更快。给定 n 个训练样本 (x_j, y_j)，其中 $x_j = (x_{j1}, x_{j2}, \cdots, x_{jM})^T \in R^M$，$y_j = (y_{j1}, y_{j2}, \cdots, y_{jN})^T \in R^N$，一个含 I 个隐含节点的单隐层神经网络可以表示为

$$\sum_{i=1}^{I} \beta_i g(w_i^T x_j + b_i) = Y_j \quad (j = 1, 2, \cdots, N) \tag{7.5}$$

式中：$w_i = (w_{1i}, w_{2i}, \cdots, w_{ni})^T$ 和 $\beta_i = (\beta_{i1}, \beta_{i2}, \cdots, \beta_{im})^T$ 分别为输入层和隐含层之间的连接权值以及隐含层和输出层之间的连接权值；$g(\cdot)$ 为激励函数，常见的激励函数有 Sigmoid 型、Sine 型和 Hardlim 型这三种。其中，常用的 Hardlim 型激活函数的形式为

$$\mathrm{hardlim}(x) = \begin{cases} 1 & (x \geqslant 0) \\ 0 & (x < 0) \end{cases} \tag{7.6}$$

极限学习机训练的目标是使得输出误差最小，即

$$\sum_{j=1}^{N} \| Y_j - y_j \| = 0 \tag{7.7}$$

并存在 w_i，x_j 和 b_i，使得

$$\sum_{i=1}^{I} \beta_i g(w_i{}^T x_j + b_i) = y_j \quad (j = 1, 2, \cdots, N) \tag{7.8}$$

式（7.4）可进一步采用矩阵形式表示为

$$\boldsymbol{H\beta} = \boldsymbol{T} \tag{7.9}$$

式中：$\boldsymbol{H}$ 为极限学习机隐含层的输出矩阵，表示隐含层神经元关于输入向量 x_1，x_2，$\cdots$，x_N 的输出，计算表达式为

$$\boldsymbol{H} = \begin{bmatrix} g(w_1 x_1 + b_1) & \cdots & g(w_I x_1 + b_I) \\ \vdots & \vdots & \vdots \\ g(w_1 x_N + b_1) & \cdots & g(w_I x_N + b_I) \end{bmatrix}_{N \times I} \tag{7.10}$$

$\boldsymbol{\beta}$ 和 $\boldsymbol{T}$ 的计算表达式分别为

$$\boldsymbol{\beta} = \begin{bmatrix} \beta_1 \\ \vdots \\ \beta_I \end{bmatrix}_{I \times m} \quad \text{和} \quad \boldsymbol{T} = \begin{bmatrix} y_1^T \\ \vdots \\ y_N^T \end{bmatrix}_{N \times m} \tag{7.11}$$

据此，对极限学习机模型的训练相当于求解式（7.5）所示的线性方程组。已知随机选定的输入权值 w_i 和隐含层阈值 b_i，ELM 模型训练等同于求解下式的最小二乘解 $\boldsymbol{\beta}$，即

$$\min_{\beta} \| \boldsymbol{H\beta} - \boldsymbol{T} \| \tag{7.12}$$

上述线性系统的最小二乘解 $\hat{\boldsymbol{\beta}}$ 可进一步表示为[12]

$$\hat{\boldsymbol{\beta}} = \boldsymbol{H}^+ \boldsymbol{T} \tag{7.13}$$

式中：$\boldsymbol{H}^+$ 为隐含层输出矩阵 $\boldsymbol{H}$ 的 Moore-Penrose 广义逆，据此获得的解 $\hat{\boldsymbol{\beta}}$ 的范数是最小并且唯一的。

7.3.2　评价指标体系构建

现阶段国内外堤防工程风险指标体系呈现多样化和复杂化[19]，堤防失事的重要影响因素众多且复杂。堤防工程风险综合评价需要结合工程实践，建立一个完整、合理的风险指标体系较好地反映堤防工程风险水平。本章建立堤防工程风险评价体系时，遵循目的性原则、实用性原则和可行性原则以及相对完备性原则、科学性原则、时效性原则、定性与定量相结合原则，选用的风险指标能够直接反映堤防工程风险特性[6]。在此基础上，采用层次分析法构建堤防工程多元风险评估指标体系。首先，将风险评价体系分为 A、B 和 C 三层。A 层为目标层，主要用于评价堤防工程多元风险。B 层为准则层，既要相互独立，又要完整涵盖影响堤防破坏因素的多个方面，主要由堤防工程系统、环境系统、经济社会系统和预警系统这四部分组成。C 层为指标层，包括准则层中各个系统的具体指标，反映准则层中具体内容，保证其具有全面性、整体性和科学性，由 28 个评价指标组成，是构

建堤防风险指标体系的基础。将堤防风险综合评价指标按风险程度可划分为 6 个等级，从 Ⅰ～Ⅵ级依次递减，Ⅰ级表示堤防工程风险最大，Ⅵ级表示堤防工程风险最小，并依次将 Ⅰ级的最小值 0 到Ⅵ级的最大值 1.0 划分为五等分（0.2、0.4、0.6、0.8、1.0），分别对应于不同的风险评价等级。典型的堤防工程多元风险评估指标体系如图 7.3 所示。

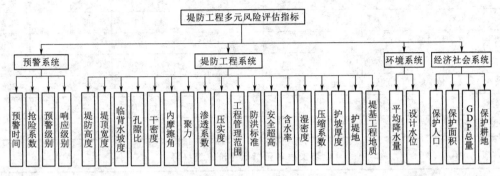

图 7.3　堤防工程多元风险评估指标体系

7.3.3　风险指标标准化处理

　　风险指标分为定性指标和定量指标，定性指标不能直接量化，需要通过其他途径来进行量化处理，可使用专家评分法，由专家对评价对象进行分析和评价，采用赋权 G1 法、归一化处理法、AHP 熵权法等方法得到评价结果。根据文献［20］，对定性指标进行标准化处理。量化结果：堤基地质级别为 2 级，抢险系数为 0.8，预警级别为 2 级，响应级别为 2 级。由于不同指标的量纲存在差异性，为了消除指标量纲之间差异性对风险评价结果的影响，需要对指标进行标准化处理。对于指标数据越大对风险综合评价越不利的指标，采用最大最小法进行数据归一化处理，计算公式为

$$\hat{x} = \frac{x - x_{\min}}{x_{\max} - x_{\min}} \tag{7.14}$$

式中：$\hat{x}$ 为归一化处理后的数据；x 为原始数据；$x_{\max}$ 和 $x_{\min}$ 分别为原始数据集的最大值和最小值。对于指标数据越小对风险综合评价越不利的指标，采用下式进行归一化处理，计算公式为

$$\hat{x} = \frac{x_{\max} - x}{x_{\max} - x_{\min}} \tag{7.15}$$

　　另外，若指标数值超过某个范围，则堤防工程失事风险大，同时该指标数值小于该范围时堤防工程失事风险也会变大，这类指标称为区间型因子，采用下式进行归一化处理，计算公式为

$$\hat{x} = \exp\left[-k\left(x - \frac{x_{\min} + x}{2} \right)^2 \right] \tag{7.16}$$

　　将上述 28 个评价指标进行归一化处理后，指标值均处于 ［0，1.0］ 之内，这样更有利于 ELM 模型训练。根据《堤防工程设计规范》（GB 50286—2013）[21] 和相关工程技术报告[22]，可以获得堤防工程风险指标评价分级标准见表 7.9～表 7.11。

表 7.9　　　　　　　　　　　堤防工程多元指标价等级（a）

评价等级	堤顶高度/m	堤顶宽度/m	临背水坡度	孔隙比	干密度/(g·cm³)	内摩擦角/(°)	黏聚力/kPa	渗透系数/(cm·s)	压实度	防洪标准/a	隶属度
一	0	3	0.50	1.00	1.40	13.5	18.5	1.80×10^{-5}	0.91	10	0
二	4	4	0.44	0.96	1.46	14.8	20.3	1.50×10^{-5}	0.92	20	0.2
三	8	5	0.38	0.92	1.52	16.1	22.1	1.20×10^{-5}	0.93	30	0.4
四	12	6	0.32	0.88	1.58	17.4	23.9	9.00×10^{-6}	0.94	50	0.6
五	16	7	0.26	0.84	1.64	18.7	25.7	6.00×10^{-6}	0.95	100	0.8
六	20	8	0.20	0.80	1.70	20.0	27.5	3.00×10^{-6}	0.96	200	1.0
下限	0	3	0.20	0.80	1.40	13.5	18.5	3.00×10^{-6}	0.91	10	0
上限	20	8	0.50	1.00	1.70	20.0	27.5	1.80×10^{-5}	0.96	200	1.0

表 7.10　　　　　　　　　　　堤防工程多元指标评价等级（b）

评价等级	工程管理范围/m	安全超高/m	含水率	湿密度/(g/cm³)	压缩系数	护坡厚度/m	护堤地/m	堤基工程地质	保护人口/万人	隶属度
一	50	0.8	0.335	1.840	0.00	0	5	6	20	0
二	100	0.9	0.323	1.856	0.10	0.10	10	5	16	0.2
三	150	1.1	0.311	1.872	0.11	15	3	12	0.4
四	200	1.2	0.299	1.888	0.36	0.12	20	3	8	0.6
五	250	1.5	0.287	1.904	0.50	25	2	4	0.8
六	300	2.0	0.275	1.920	1.00	0.14	30	1	2	1.0
下限	50	0.8	0.275	1.840	0.00	0.00	5	1	1	0
上限	300	2.0	0.335	1.920	1.00	0.14	30	6	20	1.0

表 7.11　　　　　　　　　　　堤防工程多元指标评价等级（c）

评价等级	保护面积/km²	GDP总量/亿元	保护耕地/万亩	预警时间/h	抢险系数	预警级别	响应级别	平均降水量/mm	设计水位/m	隶属度
一	700	20	30	2.00	0	6	6	4000	21.6	0
二	560	16	24	1.00	0.2	5	5	3000	21.98	0.2
三	420	12	18	0.75	0.4	4	4	2250	22.36	0.4
四	280	8	12	0.50	0.6	3	3	1500	22.74	0.6
五	140	4	6	0.25	0.8	2	2	750	23.12	0.8
六	0	0	0	0	1.0	1	1	0	23.5	1.0
下限	0	0	0	0.00	0.0	1	1	0	21.6	0
上限	700	20	30	2.00	1.0	6	6	4000	23.5	1.0

7.3.4　模型训练及测试样本确定

将综合评价体系的各个指标层作为输入层，各个风险等级对应的隶属度作为输出层，即输入层有 28 个神经元，输出层为 1 个神经元。随机内插获得 100 个训练样本和 45 个测试样本，为保证模型的可靠性，经过内插的每个数据样本之间的数据跨度较小。并且需要对样本进行数据归一化预处理，来降低问题处理的复杂程度。为方便将其应用于实际工程中，利用式（7.6）所示的 Hardlim 阈值型激活函数。当隐含层节点数在输入层节点数与输出层节点数之间变化，并且靠近输入层节点数目取值时，模型训练收敛速度较快；如果隐含层节点数目较少，学习过程可能不收敛。经试验验证，当隐含层节点数数目取 600 时，模型学习和训练效果较好[23-24]，为此下文进行堤防工程多元风险评估时取隐含层节点数目为 600。

7.4 全寿命周期风险管理决策

7.4.1 规划设计阶段风险管理决策

1. 风险评价和效益分析

设计阶段的风险评价和效益分析主要从设计投资、预测的损失和建设投资来选择最佳方案。堤防灾害体主要是洪水，承灾体数量可以通过数值模拟软件量化计算，本阶段建议采用 ANCOLD 风险标准结合我国实际情况制定出符合我国堤坝的风险标准[13,25]，以判断风险是否可容许。风险评价和效益分析的主要包括：①利用前期收集的设计资料和历年洪水数据建立损失评估模型，得出堤防风险等级，根据风险严重程度选择最佳的设计方案，进行灾害预测和预防；②根据堤防破坏模式，有针对性地制定风险调控方案，拟定具体工程或非工程措施；③由于堤段设计环境各不相同，需根据实际情况对各个堤段进行风险分级，其中重点堤防需要列为重点风险调控对象，同时组织专家论证和专项治理方案论证。

2. 风险调控对策

设计阶段的风险调控对策有风险规避、危险性降低和灾害后果降低三个方面，具体风险调控对策如图 7.4 所示。

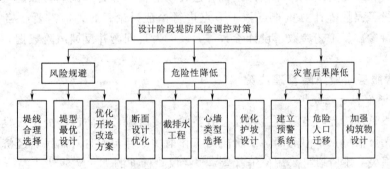

图 7.4 设计阶段的风险调控对策

3. 风险决策的实施、动态监测与反馈机制

在工程可行性报告阶段、施工图阶段和规划设计阶段实施风险对策，层层紧密联系。如在可行性研究阶段，设计方案还有很大的提升空间，需要根据堤防工程的防洪目标、经济目标、社会效益选择最合适的设计方案，最重要的是要结合现场实际情况。又如在施工图阶段，可以在设计方案优化的基础上，拟定详细的风险动态监测方案和调控预案。如此一来在设计阶段结合专家的意见和经验，对堤防风险调控方案进行有效复核和反馈，在设计阶段中形成反馈环，从而提升设计质量和效率。

7.4.2 施工建造阶段风险管理决策

1. 风险评价和效益分析

施工阶段可以在设计阶段基础上，引入风险容许标准指导施工阶段的风险调控，动态优化调整施工方案。这个阶段风险评价和效益分析也包括：①动态监测复核施工参数与设计参数是否一致，及时发现问题和调整施工方案；②安全生产技能培训需落实到施工企业主要负责人、项目负责人和专职安全生产管理人员，技术交底到一线施工员班组；③重点堤段需要重点监控，从过程中规避溃堤事件。

2. 风险调控对策

施工阶段的风险调控对策有危险性降低、灾害后果降低和风险转移三个方面，具体风险调控对策如图 7.5 所示。

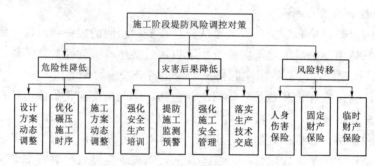

图 7.5 施工阶段的风险调控对策

3. 风险决策的实施、动态监测与反馈机制

施工阶段要利用好设计阶段收集的信息结合施工现场具体情况来对风险进行把控，在保证施工质量和进度的同时，监控风险源，进行动态监测和有效调控，除此之外，聘请专家和现场高级工程师等针对重难点施工节点进行论证讨论。此外，需要严格控制施工参数，包括材料参数、工艺参数、设计参数等，及时发现问题并反馈风险数据，及时进行风险调控。

7.4.3 运营服务阶段风险管理决策

1. 风险评价和效益分析

运营阶段是发挥堤防经济效益和社会效益的重要阶段，堤防已经处于服役期，一旦失事，损失将无可估量，不但前面两个阶段的工作前功尽弃，而且对居民、经济、环境都将造成巨大的损失。本阶段可采用何鲜峰等[13]在风险标准的 $F-N$ 线法中结合我国实际制定的风险标准来指导风险评价和效益分析。这个阶段的风险评价和效益分析总结以下：①开展持续的风险数据监测，对堤防风险分级，划分重点堤防和一般堤防；②对堤防进行持续性隐患排查，周期性检修维养，保证经费投入到位；③建立堤防预警系统，实时监控各项参数是否正常，并且评估实施加固、补强效益；④建立应急抢险组织、编制应急预案等管理措施，降低灾害损失程度和防止灾害范围扩大蔓延。

2. 风险调控对策

运营阶段的风险调控对策有灾害后果降低、危险性降低和风险转移三个方面，具体风险调控对策如图 7.6 所示。

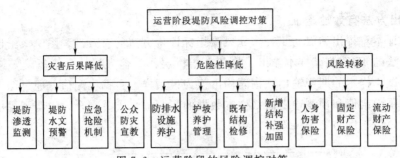

图 7.6　运营阶段的风险调控对策

3. 风险决策的实施、动态监测与反馈机制

运营阶段的风险调控至关重要，借鉴王浩等[2] 提出的经常性监控量测与检修维护、专业化定期诊断与专项维护以及专家级预警与抢险加固为一体的路堑边坡三级风险监测管理体系。在运营服务阶段要注重以下三个要求：①周期性监控量测与检修养护以降低风险发生概率；②专业团队利用专业技能手段维养，如专业的岩土监测公司，采用科学的渗透、水文、失稳监测仪器和检测方法来评估堤防风险，判断堤防稳定状态，提出堤防加固方案建议，并和相关管理部门和专家一起论证方案的可行性；③预警系统与抢险救灾相结合，即堤防管理部门会同堤防专家对堤防安全状态进行分析，制定应急预案和应急抢险方案，一旦出现紧急状况便可进行高效抢险。

7.5　康山大堤工程应用

下面依托康山大堤构建多元风险评估指标体系，并运用极限学习机算法计算多元风险指标值，进行堤防溃决风险评价。

7.5.1　工程概况

根据第 3 章康山大堤工程概况以及相关技术报告和标准化管理手册[26]，可统计确定康山大堤多元风险评估指标见表 7.12。

表 7.12　　　　　　　　　　康山大堤多元风险评估指标

评价指标	评价值	评价指标	评价值	评价指标	评价值	评价指标	评价值	评价指标	评价值
堤顶高度 /m	11.20	黏聚力 /kPa	20.00	含水率	0.30	堤基地质级别	2.000	预警级别	2
堤顶宽度 /m	7.00	渗透系数 /(cm/s)	5×10^{-6}	湿密度 /(g/cm³)	1.85	保护人口 /万人	8.570	响应级别	2
临背水坡	0.33	压实度	0.91	压缩系数	0.30	保护面积 /km²	343.400	平均降水量/mm	1589.20
孔隙比	0.90	工程管理范围/m	100.00	预警时间 /h	0.25	GDP 总量 /亿元	9.500	设计水位 /m	22.68
干密度 /(g/cm³)	1.42	防洪标准 /a	20.00	护坡厚度 /m	0.10	保护耕地 /万亩	14.430		
内摩擦角 /(°)	18.00	安全超高 /m	2.00	护堤地/m	5.00	抢险系数	0.80	—	—

143

7.5.2 提出方法有效性验证

为了验证本章提出的堤防工程多元风险指标评价方法的有效性，图 7.7 给出了基于极限学习机算法的 45 个测试样本输出。将各个指标层作为输入层，各个风险等级对应的隶属度作为测试集样本的期望输出。预测输出值为模型样本数据实测值，通过图 7.7 对比发现，模型期望输出值和预测输出值（样本数据的实测值）十分吻合，说明了提出方法的有效性，可有效用于堤防工程风险评价中。

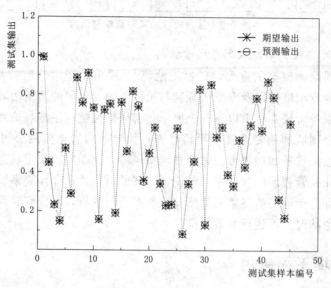

图 7.7　极限学习机模型测试集输出的对比

进而利用表 7.12 康山大堤风险指标，基于极限学习机算法进行综合风险评价，将模型计算结果作为康山大堤综合风险评价等级划分的依据。借鉴荷兰和日本的四级法[27]，荷兰将堤防安全等级划分为优、良、中、差四个等级，日本将堤防安全性划分为高、较高、较低、低四个等级，运用我国堤防工程安全评价方法相关研究结果，结合康山大堤的现状与设计标准[28]，将Ⅰ～Ⅱ级的区间用"危险"来进行定性评价，Ⅱ～Ⅲ级的区间用"较危险"来进行定性评价[29]，以此类推，最终获得各个等级的评价结果见表 7.13。

表 7.13　　　　　　　　　　　各个评价等级的评价结果

评价等级	临界值模拟结果	等级范围	评价结果
Ⅰ	0.005	(0.005, 0.207)	危险
Ⅱ	0.207	(0.207, 0.411)	较危险
Ⅲ	0.411	(0.207, 0.411)	较危险
Ⅳ	0.603	(0.411, 0.603)	基本安全
Ⅴ	0.801	(0.603, 0.801)	安全
Ⅵ	0.999	(0.801, 0.999)	极为安全

基于极限学习机算法计算的康山大堤多元风险指标运行 10 次取平均的评价结果为 0.535，处于"基本安全"区间内。为验证提出的评价方法的有效性，采用反向传播神经网络[30]算法进行风险评估，反向传播神经网络模型结构中输入层数目为 28，隐含层数目为 5，输出层数目为 1，激活函数采用 Sigmoid，训练函数采用 Traingdx，期望误差设为 0.001，训练次数设为 20000 次，运行 10 次取平均值为 0.505。与采用本章提出方法的评价结果 0.535 非常吻合，均处于"基本安全"区间，进一步表明本章提出方法的有效性。另外，黄中发等[20]也量化了鄱阳湖区重点堤防风险因子，虽然针对不同堤防工程构建的评价指标体系与图 7.3 不完全一致，但是基本都能反映鄱阳湖区堤防工程系统的风险特性。黄中发等[20]计算得到的鄱阳湖区重点堤防工程系统的综合风险评估值为 0.6，与本章计算结果 0.535 相差较小，处于"基本安全"区间，进一步验证了本章提出方法的有效性。

需要指出的是，由于康山大堤地理位置处降水量较大，圩堤内面积大，保护人口较多，对堤防工程的安全性要求高，并且康山大堤压实度隶属度低，对堤防工程综合评价不利。为了提高堤防工程的安全性，需要进一步推行堤防工程标准化管理，构建基于风险的堤防工程标准化管理体系。这样，对于风险指标隶属度低的堤防或堤段，可以有针对性地采取相应工程或非工程等除险加固措施降低堤防溃决风险。

7.6 本章小结

本章提出了基于霍尔三维结构的堤防工程系统风险分析模型，将堤防工程全寿命周期的规划设计阶段、施工阶段及运营阶段风险管理活动有机结合，形成了一套堤防工程全生命周期风险评估与管理体系，主要工作和小结如下：

（1）阐明了风险范围界定、风险因子识别及风险因子分析的工作要点，探讨了危险性分析中堤防失事破坏原因，论述了适用于不同阶段的风险评估方法，讨论了在不同阶段开展堤防工程风险评价与效益分析、风险调控方案选择、风险调控对策实施及动态监测、信息反馈的技术流程与实施要点。

（2）综合考虑工程结构系统、经济与社会系统和预警系统，提出了基于极限学习机的堤防工程多元风险指标评价方法，建立了由 28 个指标构成的多元指标体系，并对 28 个指标进行了标准化处理，解决了堤防风险评价中堤防工程系统风险因子单一、片面和量纲不一致等问题。

（3）构建的全生命周期风险管理框架既可以相对独立地完成堤防工程风险分析、评估及管理，又能实现堤防工程风险调控阶段性目标，使得不同阶段风险评估信息的相互联动和风险管理活动的有效衔接，从而达到在规划设计阶段预测和规避风险，施工建造阶段防范和降低风险，运营服务阶段监测和管控风险的总体目标。

（4）提出的多元风险指标评价方法应用于康山大堤验证了其有效性和可行性，得出本章康山大堤的综合风险评估值为 0.535，处于"基本安全"区间，与康山大堤经鄱阳湖一期及二期四个单项前后两次加固，防洪能力已有显著提高的堤防工程实际情况吻合，同时与无量纲处理法、专家评分法和反向传播神经网络算法计算结果一致。

本 章 参 考 文 献

［1］ 谭跃进. 系统工程原理 ［M］. 北京：科学出版社，2010：21-27.

［2］ 王浩，豆红强，谢永宁，等. 路堑边坡全寿命周期风险评估及管理的技术框架 ［J］. 岩土力学，2017，38（12）：3505-3516.

［3］ 周创兵. 水电工程高陡边坡全生命周期安全控制研究综述 ［J］. 岩石力学与工程学报，2013，32（6）：1081-1093.

［4］ 金伟良，钟小平. 可持续发展工程结构全寿命周期设计理论体系研究 ［J］. 中国工程科学，2012，30（3）：100-107.

［5］ FELL R，HO K，LACASSE S，et al. A framework for landslide risk assessment and management ［C］. International Conference on Landslide Risk Management，2005.

［6］ 丁丽. 堤防工程风险评价方法研究 ［D］. 南京：河海大学，2006.

［7］ 刘亚凤，孟宪双，张本秋. 堤防的渗透破坏类型及其除险加固措施 ［J］. 防渗技术，2002，8（4）：43-44.

［8］ COROMINAS J，MOYA J. A review of assessinglandslide frequency for hazard zoning purposes ［J］. Engineering Geology，2008，102（3）：193-213.

［9］ 王洁. 堤防工程风险管理及其在外秦淮河堤防中的应用 ［D］. 南京：河海大学，2006.

［10］ 高延红，张俊芝. 堤防工程风险评价理论及应用 ［M］. 北京：中国水利水电出版社，2011.

［11］ 李典庆，肖特，曹子君，等. 基于高效随机有限元法的边坡风险评估 ［J］. 岩土力学，2016，37（7）：1994-2003.

［12］ 周清勇. 基于风险分析的大坝应急预案技术研究 ［D］. 南昌：南昌大学，2012.

［13］ 何鲜峰，仝逸峰. 大坝运行风险评价理论及应用 ［M］. 郑州：黄河水利出版社，2014.

［14］ 王仁钟，李雷，盛金保. 病险水库风险判别标准体系研究 ［J］. 水利水电科技进展，2005，25（5）：9-12.

［15］ 何可，张俊飚，丰军辉. 基于条件价值评估法（CVM）的农业废弃物污染防控非市场价值研究 ［J］. 长江流域资源与环境，2014，23（2）：213-219.

［16］ 刘嘉. 条件价值法在环境治理价值评估中的运用：以长沙市扬尘治理为例 ［J］. 湖南广播电视大学学报，2013，（1）：39-47.

［17］ HUANG G B，ZHU Q Y，SIEW C K. Extreme learning machine：theory and applications ［J］. Neurocomputing，2006，70（1-3）：489-501.

［18］ 张颖，支欢乐，蒋水华. 基于极限学习机的堤防工程多元风险指标评价方法 ［J］. 长江科学院院报，2021，38（11）：80-85.

［19］ 崔东文. 基于极限学习机的长江流域水资源开发利用综合评价 ［J］. 水利水电科技进展，2013，33（2）：14-19.

［20］ 黄中发，黄浩智，蒋水华，等. 堤防工程系统风险因子量化及风险评价 ［J］. 自然灾害学报，2018，27（4）：171-177.

［21］ 中华人民共和国水利部. 堤防工程设计规范：GB 50286—2013 ［S］. 北京：中国计划出版社，2013.

［22］ 江西省水利规划设计院. 江西省鄱阳湖蓄滞洪区安全建设工程可行性研究报告 ［R］. 江西省水利厅，2014.

［23］ 宋永东，苏立君，张崇磊，等. 基于极限学习机的边坡可靠度分析 ［J］. 长江科学院院报，2018，

35（8）：78－83.

[24] 魏洁. 深度极限学习机的研究与应用 [D]. 太原：太原理工大学，2016.

[25] 孙东亚，解家毕，姚秋玲. 堤防工程失事概率分析方法及溃决模式研究 [J]. 中国防汛抗旱，2010，20（2）：25－28.

[26] 吴建江，陈劼，章富善. 余干县康山大堤标准化管理手册 [R]. 余干县康山大堤管理局发布，2018.

[27] 李青云，张建民. 长江堤防工程风险分析和安全评价研究初论 [J]. 中国软科学，2001（11）：113－116.

[28] 陈红. 堤防工程安全评价方法研究 [D]. 南京：河海大学，2004.

[29] 刘亚莲，周翠英. 堤坝失事风险的突变评价方法及其应用 [J]. 水利水电科技进展，2010，30（5）：5－8.

[30] 李铁峰. 辽河干流康平段堤防安全综合评价 [J]. 黑龙江水利科技，2020，48（4）：200－204.

第8章 基于风险的堤防工程标准化管理体系

堤防工程标准化管理在我国还处于初期阶段，忽略了风险的因素，导致堤防工程标准化管理在面对复杂环境条件时难以顺利执行。标准化管理体系建设是近几年我国提出来的一种新的水利工程管理模式，是对水利工程传统管理方式和管理理念的全新挑战。本章利用标准化管理理论结合水利发展战略来指导堤防工程标准化管理，在标准化管理过程中进行信息化建设来完善堤防工程管理流程。为寻求一种可操作性强的堤防工程风险管理模式，本章结合江西省正在开展的堤防工程标准化管理工作，引入"风险"概念，融入现有堤防工程标准化管理考核评价中，判断堤防风险度，从而将传统"经验型的堤防管理模式"转变成"预测型的风险管理体系"，以期望实现对堤防工程管理的标准化考核，更好地预测和评价堤防失事后果，降低堤防工程失事风险，提升堤防工程运行管理水平。

8.1 基于风险的标准化管理体系

8.1.1 标准化管理体系

江西省水利厅 2018 年发布了《江西省堤防工程标准化管理考核评价标准（试行）》文件，提出运用标准化管理理论建立鄱阳湖区堤防工程标准化管理体系。通过对鄱阳湖区堤防现状的调查，以标准化管理理论和鄱阳湖堤防管理工作手册为指导建立堤防工程标准化管理体系，主要包含以下四部分内容[1]：

（1）工作标准体系。工作标准体系主要包括责任明细化、工作制度化、人员专业化。

（2）技术标准体系。技术标准是标准化管理工作开展的依据和准则，鄱阳湖堤防管理工作的技术标准将以标准汇编的形式分为以下两个部分：国家法律法规汇编、鄱阳湖区堤防工程标准化管理制度汇编。

（3）管理标准体系。管理标准体系主要包含工作管理模块、运行调度管理模块、维修养护管理模块和其他管理模块。

（4）考核标准体系。鄱阳湖标准化管理考核主要包含 11 块内容，具体指标如图 8.1 所示[1]。

8.1.2 基于风险的标准化管理体系

目前的堤防工程标准化管理体系没有融入风险的理念，并且现有的标准化管理理念仅关注工程自身安全、运行和管理，几乎没有考虑保护范围内的经济社会发展状况和社会环境，而且堤防溃决失事造成的损失也没有融入风险标准化管理中[1-3]。为此，本章发展了基于风险的堤防工程标准化管理体系，可有效将上述因素的影响体现在标准化管理流程中，反映堤防工程系统安全性等级，为堤防工程安全运行和风险管理提供理论和技术

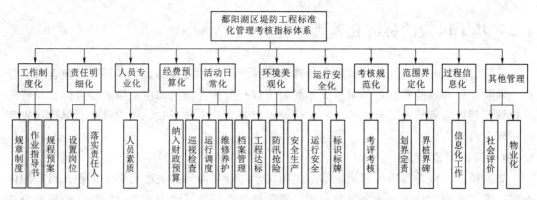

图 8.1 鄱阳湖区堤防工程标准化管理考核指标

支撑[1-2]。

由于堤防溃决风险等于堤防综合失事概率和失事后果的乘积，本书根据溃堤概率和溃决损失拟定考核系数。本章借助风险矩阵法[4]和专家评分法[5]量化堤防考核系数，将得到的考核系数融入标准化管理考核评分中，形成基于风险的标准化管理考核评分标准，如图 8.2 所示。

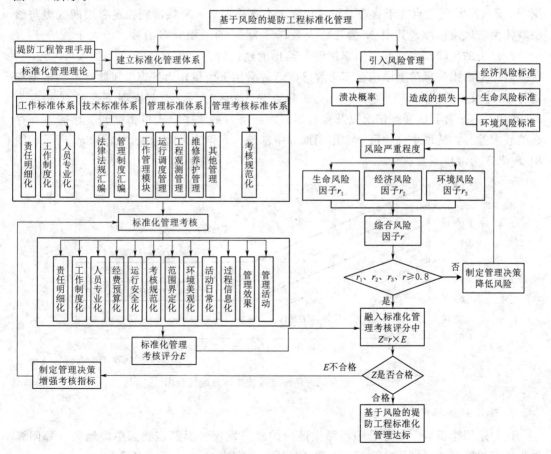

图 8.2 基于风险的堤防工程标准化管理体系框架

8.2 基于风险的标准化管理考核方法

风险管理是分析、评价、预防和处理失事风险的一项复杂的系统工程[6]，包含风险分析、风险评价和风险管控，是对承灾体脆弱度进行分析并做出相应决策的综合体系，将标准化管理与风险管理理论有机结合的关键一步就是量化考核系数，促成风险、标准化管理和考核的有效衔接。

8.2.1 风险标准制定

如前所述，堤防溃决失事风险等于堤防失事综合风险率和失事后果的乘积。目前国内外对风险评价研究较多，生命风险、经济风险和生态环境风险为现在比较公认的风险分析内容，相关领域研究也比较成熟。风险标准的制定要清楚堤防工程自身的风险，而且要考虑外部因素乃至地域性因素。合理的风险标准不仅可以节约建设成本投资，而且可以将风险控制在合理范围内。本章在借鉴李雷等[8]的做法，并在我国目前制定的堤坝风险标准的基础上初步拟定堤防风险标准。

1. 溃堤群体生命风险标准

目前，国际上拟定社会风险标准主要有两种准则：$F-N$ 线准则、生命损失期望准则[7]。$F-N$ 线的优点在于直观、可视化强，本章采用 $F-N$ 线准则拟定鄱阳湖区堤防溃决群体生命风险标准，其中 N 为死亡人数，F 为 N 的累积分布函数，即大于或等于 N 个生命损失的风险概率，并采用李雷等[8]给出的建议值。

溃决生命损失风险上限值是不可容忍区，故采用下限值作为可容忍风险标准。根据李雷等[8]建议，我国大中型堤坝 $F-N$ 线起点为 1.0×10^{-3}，小型堤坝 $F-N$ 线起点为 2.5×10^{-3}，结合我国实际情况以及东西部地区经济发展水平、人口密度和文化等方面存在的较大差异，选取中部地区（鄱阳湖地处中部地区）拟定风险标准，如图 8.3 所示，图中 0～1.5 为考核系数。

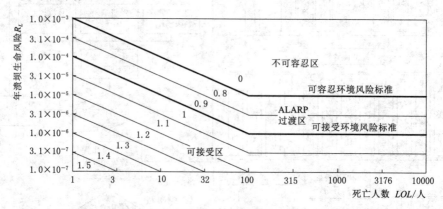

图 8.3 生命风险标准及考核指标系数区划图

2. 溃堤经济损失标准

同样采用李雷等[8]并结合该蓄滞洪区内的经济发展情况制定我国中部地区（鄱阳湖地处中部地区）的经济风险标准，如图 8.4 所示，图中 0～1.5 为考核系数。

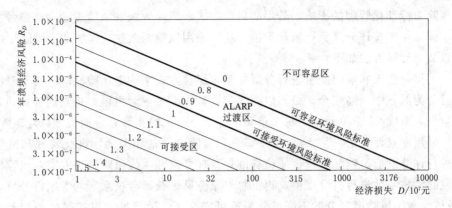

图 8.4 经济风险标准及考核指标系数区划图

3. 溃堤生态环境损失标准

采用目前国际上比较流行的 $F-N$ 线法拟定生态环境损失风险标准。Ball 和 Floyd[9] 及荷兰环保相关部门就 $F-N$ 线起点和斜率进行了深入研究，发现人们不愿意接受生命损失这一条斜率比 $-1:1$ 更陡的直线或是斜率递增的曲线，Ball 和 Floyd 确定的 $F-N$ 线的斜率为 $-1:1$[10]。

对生态环境风险标准而言，以支付意愿 E 为横坐标，以年溃决概率 F 为纵坐标；坐标原点分别为 1.0 和 1.0×10^{-7}，后者较人们普遍能够接受的风险 1.0×10^{-6} 还要小一个数量级。横坐标起点取支付意愿的最大值 1000，斜率为 $-1:1$，获得可容忍风险的限值；将横坐标起点进一步降低一个数量级，作为可接受风险起点，画直线与纵坐标相交于 1.0×10^{-4}，获得可接受风险限值。由此得到生态环境风险标准及考核指标系数区划图如图 8.5 所示，图中 $0 \sim 1.5$ 为考核系数。

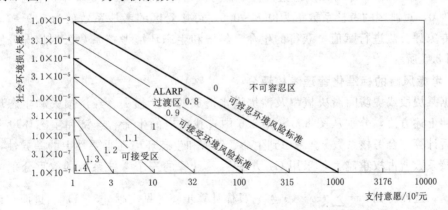

图 8.5 生态环境风险标准及考核指标系数区划图

8.2.2 考核系数确定

为将"风险"概念融入标准化建设中，故引入考核系数来描述风险对考核评分的影响程度，主要根据堤防失事概率和造成的生命损失、经济损失以及生态环境损失这三大风险因素来拟定相应的生命考核系数 r_1、经济考核系数 r_2 和生态环境考核系数 r_3，再计算综合考核系数 r。为了完善当前的标准化管理体系，本章采用标准化评分与考核系数的乘积来体现风险对标准化管理的影响。若堤防风险较大，风险等级和风险度较高，则考核系数就较小，标准化考核评分降低；依此类推。这里采用风险矩阵法[11] 来基于风险标准图计算考核系数，计算方法如下：

（1）根据对输入和输出变量进行分级并确定组合方式来构造风险矩阵。对于输出变量而言，可分为低、中、高三个等级。以烈度为横轴，以概率为纵轴，将它们各自的等级进行两两组合，形成 25 个单元格，每个单元格赋予一个风险指数，进而得到风险矩阵[4]。

（2）采用专家评分法[5,11] 结合风险等级和风险度邀请相关的标准化管理和风险管理专家来进行评分赋值。例如，邀请 4 位标准化管理专家和 4 位风险管理专家对风险标准图不同区域的考核系数进行打分赋值，再汇总专家意见，获得考核系数的专家打分值，见表 8.1。考核系数按风险度划分的不同可分为不可容忍区、过渡区和可接受区考核系数，专家就这 3 项因素进行打分，分值分别为 0、0.81 和 1.44。

表 8.1 考核指标系数专家打分值

专家	风 险 区 域			专家	风 险 区 域		
	不可容忍区	过渡区	可接受区		不可容忍区	过渡区	可接受区
1	0	0.75	1.30	6	0	0.85	1.50
2	0	0.70	1.45	7	0	0.80	1.45
3	0	0.85	1.35	8	0	0.70	1.50
4	0	0.95	1.50	均值	0	0.81	1.44
5	0	0.90	1.45				

（3）借鉴风险矩阵的思想，按照风险程度的不同对堤防风险标准图进行区域划分，高等级对应不可容忍区，中等级对应过渡区，低等级对应可接受区，定义不可容忍区的考核系数值为 0，过渡区的考核系数值为 0.8~0.9，可接受区的考核系数值为 0.9~1.5，并且采用专家评分法进行赋值，获得的生命、经济和生态环境考核系数区划情况分别如图 8.3~图 8.5 所示[1-2]。

8.2.3 考虑风险的标准化管理考核评分

根据某堤段或堤防圈溃决概率及溃堤洪水造成的生命损失、经济损失和生态环境损失，按照上述方法，分别从图 8.3~图 8.5 中查找对应的生命、经济和生态环境考核系数，然后计算综合考核系数 r。考虑到生命、经济和生态环境在重要性上的差异性，越重要的考核系数所占权重越大，采用 G1 方法[5,11] 计算的三个考核系数的权重分别为 w_1、w_2 和 w_3，进而得到 $r = \sum_{i=1}^{3}(w_i \times r_i)$，具体计算步骤详见文献 [5, 11]。进而估计考虑风险的堤防工程标准化管理考核评分值 Z 为

$$Z = r \times E \tag{8.1}$$

式中：r 为堤防综合考核系数；E 为现有堤防工程标准化管理考核总评分值。根据江西省堤防工程标准化管理考核评价标准，式（8.1）中 Z 和 E 的合格标准分均为 700[12]。

显然，上述标准化管理考核评分值 Z 是综合考虑了标准化管理和风险两个方面的因素，而 r 和 E 分别表示风险的影响程度和标准化管理的成效。若不合格，则说明该堤防

工程标准化管理不合格，存在一定的风险，为此需要从以下两个方面制定相关的管理措施：①加强标准化管理建设；②降低堤防失事风险[1-2]。

8.3 风险决策

8.3.1 风险管理

根据堤防工程标准化管理分析可以识别堤防致险因子，找出相对应阶段的风险源。建立堤防工程全寿命周期风险管理模型，从设计、施工和运营三大阶段对堤防工程风险进行监测和调控，准确把握风险因子，控制风险源，降低堤防失事概率。在设计阶段进行风险管理，获得的风险信息可有效反馈和指导设计工作；施工阶段进行风险管理，可有效减少事故发生和提高施工质量；在运营阶段对风险进行管理，可加强维护监测工作和提高预警的有效性，三大阶段的风险层层调控，可大大降低堤防失事可能性和失事后果，即对于第7章堤防工程全寿命周期的风险评估和管理具有重大意义。

8.3.2 标准化建设

加强堤防工程标准化建设的工程措施包括防护工程措施和险情应急抢险工程措施。常用的堤防工程系统安全防护工程措施及主要目的见表 8.2。需要指出的是，由于堤防出现险情是多种因素共同作用的结果，上述工程措施是根据工程病害情况、加固要求、工程费用及材料等风险因素制定的，可能包含多重目的。另外根据堤防工程实际，有些工程措施在某一系统中防止某种破坏出现的作用是主要的，但是在另一系统中防止相同破坏模式出现的作用则可能是次要的。

表 8.2   堤防工程系统安全防护工程措施及主要目的

安全防护工程措施	主要目的
顶高程防浪设施与措施	与设计高程相比，现高程满足抵抗漫顶、防止波浪漫溢及冲刷
堤顶几何形状变化控制	保证堤顶高程达到设计值，防止边坡滑动及变形破坏
堤后排水减压控制	防止堤基渗透破坏和下游坡雍水，集、排表面雨水
堤身渗流控制	防止堤身中细颗粒运动，保持渗透水压力处于设计范围之内
人工抢险干预措施	出现各种险情的处置，防止其继续发展成为破坏事件
抗震安全措施	防止出现纵、横向裂缝及基础液化
堤基渗流控制	防止堤基中的细颗粒运动，保持渗透水压力处于设计范围之内
迎水坡面形状变化控制	防止迎水坡面的雨水和波浪冲刷
背水坡面形状变化控制	防止背水坡面的雨水和边坡无损伤
堤岸防护措施	保持堤岸稳定，防止主流顶冲而致使河道游荡
接触渗透控制	防止与交叉建筑物之间形成渗透通道
其他安全管理措施	及时维护出现的损坏，险情出现时保证抢险的人员及物资等

8.3.3 应急预案制定

1. 预警机制建立

建立鄱阳湖区堤防工程安全防护系统，可以有效将信息化平台和预警功能结合起来，担负鄱阳湖区堤防工程有关政策的制定、研究和教育功能，降低鄱阳湖区堤防风险，提高公众的风险意识，降低堤防溃决破坏风险，报送预警信息、工程信息和洪涝灾害信息。

（1）收集和识别洪水风险图。洪水风险图可直观显示不同工况下淹没信息（流速、历时、面积），同时可为安全楼位置的选择、人口物资转移提供依据[13]。

（2）编制防御洪水方案。简述河流概况以及重点河段存在的主要问题，明确防洪任务及标准内洪水和超标准洪水的防御措施，编制避洪转移路线图，做好避险安排。

（3）划分预警级别。按照堤防溃决造成的生命损失、经济损失和生态环境损失标准，洪水发展趋势、严重性和紧急程度划分洪水预警级别[14]。

2. 抢险队伍组建

抢险队伍由抢险领导组、抢险指挥组、抢险实施组、抢险沟通组和抢险保障组等五部分组成，需要做到分工明确，任务衔接流畅，以提高抢险工作效率。

3. 风险管理决策响应

虽然洪水给人类带来了巨大的灾害，但是其本质具有淡水资源的属性，也就是说，如果鄱阳湖区堤防在汛期当洪水来临时将洪水作为一种资源，加以合理储积、利用，不但可以缓解淡水资源严重紧缺的局面，同时还能有效降低堤防因漫顶失事造成的溃决风险，起到防洪减灾的作用。

目前，国内正在大力进行水利信息化建设，加强洪水、降雨等监测，建立信息化系统，从而为堤防工程风险管理提供有效技术手段。另外向保险部门投保，转移风险，降低经济损失。鄱阳湖区堤防工程项目投资规模较大、建设工期较长、涉及面广、潜伏的风险因素多，采用向保险部门投保的方法，可以达到支付少量的保险费，得到一定堤防溃决损失的经济补偿保障。

4. 灾后处置措施落实

根据不同的预警级别，采取不同程度的灾后响应措施如下：

（1）当预警级别为Ⅰ级响应的措施，防汛抗旱领导小组为最高指挥，各抢险应急小组和全体堤防抢险工作人员进入预警状态。堤防工作人员在接到命令后，在抢险指挥组人员的指挥下有序撤离，并且有效、快速地组织下游危险人群按制定好的应急转移路线转移，第一时间将掌握的信息向县相关政府机构汇报，方便做好人员转移安置工作。

（2）当预警级别为Ⅱ级响应的措施，抢险领导小组、抢险指挥组、防洪抢险全体人员立即赴现场，抢险保障组做好交通调度、抢险物资等保障工作，抢险实施组做好现场抢险及拍照和摄影准备。领导组汇报县和市防汛抗旱指挥部，到现场指挥抢险工作，市防汛抗旱指挥部为最高指挥，堤防抢险人员配合做好工作。

（3）当预警级别为Ⅲ级响应的措施，防汛工作指挥小组到现场指挥抢险工作和调度管理工作，同时向领导组汇报情况，领导组根据险情制定相应抢险方案，并汇报县级防汛办。

（4）当预警级别为Ⅳ级响应的措施，防汛工作领导小组组织会议协商，根据险情制定相应抢险方案，安排相关工作事宜并将情况汇报给县级防汛办。堤防工作人员加强巡查与值班，及时准确将汛情、险情信息上报给防汛工作领导小组；组织强化巡堤查险和堤防防守，及时控制险情。

（5）当遭遇预警级别为Ⅰ级或Ⅱ级，出现特大洪水或其他重大险情，涵闸工程、溢洪道安全受到严重威胁，堤防将可能溃决，泄洪能力不能承担洪水量级通过或通过抢险无法控制时，将及时通过当地县级防汛抗旱指挥部协调当地政府组织对工程下游沿河两岸遭受洪水威胁的居民进行转移。

8.4　康山大堤工程应用

康山大堤基本概况已详见第3章介绍，第4章计算的康山大堤不同破坏模式的溃决失事概率分别为 $P_{水文}=8.9\times10^{-3}$，$P_{渗透}=9.7\times10^{-4}$，$P_{失稳}=1.0\times10^{-4}$，综合失事概率为 $P_f=9.97\times10^{-3}$。设计洪水位为20年一遇的年破坏概率为 4.985×10^{-4}。参考江西省堤防工程标准化管理考核评价标准，对康山大堤标准化管理进行评分，E 为820分，由于康山大堤预警时间为2h，由第5章图5.22（c）可知，死亡人数 LOL 为2人，生命损失后果综合系数 $L_{LOL}=0.1$，再由式（7.2）计算得 $R_L=4.985\times10^{-5}$，进而根据图8.3可知，$r_1=1$。由第5章计算的经济损失为15.53亿元，经济损失后果综合系数 $L_D=0.7$，计算的 R_D 为 3.4895×10^{-4}，根据图8.5可知，r_2 为0。由第5章计算的生态环境损失为1.956亿元，根据图8.4可知，$r_3=0$。

根据G1方法计算得到的生命、经济和生态环境风险考核系数的权重 w_1、w_2 和 w_3 分别为0.524、0.182和0.294，采用加权平均法计算得到综合风险因子 r 为0.524。将标准化管理考核评分 E 和堤防综合考核系数 r 代入式（8.1），可计算得到 $Z=429.7$ 分，显然低于等级为三级堤防工程的标准化管理合格标准分700分，表明该堤防工程标准化管理不达标。不达标的主要原因总结如下：

（1）标准化管理不到位；

（2）从提取的风险考核系数来看，经济风险考核系数和社会环境考核系数都处在风险标准图中的不可容忍区，存在较大的经济风险。

上述评分结果与康山大堤工程客观实际"堤段地质不均，维养滞后"较为吻合。2020年7月康山大堤经历着高水位的考验，于7月11日发生脱坡长度约200m，总面积约1万 m^2，至7月13日险情已基本得到排除，但抢险护堤依旧在进行中，康山大堤一旦溃决失事，由第5章可知，溃堤洪水造成的经济损失和生态环境损失将是巨大的，要制定全寿命周期溃堤洪水风险控制措施和加强标准化建设。

8.5　本章小结

堤防标准化管理一方面要考虑传统的堤防工程管理，另一方面要融入"风险"概念，使得堤防工程在发挥效益的同时可以延长服役寿命，在管理过程中及时发现风险、分析风险，进而调控风险以减少堤防溃决事故的发生，降低堤防失事损失和风险，使得堤防工程的社会、经济和环境效益最大化。主要结论如下：

（1）简要论述了江西省正在开展的堤防工程标准化管理内容、考核办法和评分细则，利用 F-N 线准则和生命损失期望准则，选取我国中部地区（鄱阳湖地处中部地区）拟定

生命、经济和生态环境风险标准，进而给出了基于生命、经济和生态环境风险标准图

（2）提出了堤防工程综合考核系数量化计算方法，建立了基于风险的堤防管理标准化考核评分方法，并成功应用于鄱阳湖区重点堤防康山大堤中。在此基础上，给出了可有效降低堤防溃决风险的工程及非工程措施。

本 章 参 考 文 献

［1］　黄中发. 鄱阳湖区重点堤防溃决风险评估与管理 ［D］. 南昌：南昌大学，2020.

［2］　蒋水华，黄中发，江先河，等. 堤防工程标准化管理体系风险评估方法 ［J］. 长江科学院院报，2020，37（5）：180－186.

［3］　徐路凯，张宝森，岳瑜素，等. 黄河下游堤防工程标准化管理平台设计与实现 ［J］. 中国防汛抗旱，2022，32（5）：55－58.

［4］　郑卫东，喻小宝，谭忠富，等. 改进的风险矩阵法在电力系统结构与电力设备设施综合风险评价中的应用 ［J］. 水电能源科学，2014，32（10）：189－193.

［5］　丁丽. 堤防工程风险评价方法研究 ［D］. 南京：河海大学，2006.

［6］　徐卫亚，邢万波，魏文白，等. 堤防失事风险分析和风险管理研究 ［J］. 岩石力学与工程学报，2006，25（1）：47－55.

［7］　吴欢强. 溃坝生命损失风险评价的关键技术研究 ［D］. 南昌：南昌大学，2009.

［8］　李雷，周克发. 大坝溃决导致的生命损失估算方法研究现状 ［J］. 水利水电科技进展，2006，26（2）：76－80

［9］　BALL D J，FLOYD P J. Societal risks ［R］. Report Submitted to HSE，1998.

［10］　王仁钟，李雷，盛金保. 病险水库风险判别标准体系研究 ［J］. 水利水电科技进展，2005，25（5）：5－8，67.

［11］　黄中发，黄浩智，蒋水华，等. 堤防工程系统风险因子量化及风险评价 ［J］. 自然灾害学报，2018，27（4）：171－177.

［12］　江西省水利厅. 江西省堤防工程标准化管理考核评价标准（试行）［S］. 南昌：江西省水利工程标准化管理办公室，2018.

［13］　石凤君，殷丹. 辽宁省中小河流防洪应急预案研究 ［J］. 农业科技与装备，2015（5）：63－65.

［14］　李树言，张文娟，漆文邦. 水库防洪抢险应急预案浅析 ［J］. 江苏水利，2017（9）：44－47.

第9章 总 结

本书依托鄱阳湖区典型堤防工程（康山大堤与三角联圩）和蓄滞洪区（康山与珠湖蓄滞洪区），详细介绍了鄱阳湖区堤防工程，包括建设过程、分布、组成和安全情况等，统计分析了鄱阳湖区重点堤防工程的水文特性、地质特性以及堤身物质组成，湖区堤防保护资产、人口、耕地等情况，重点堤防出险次数、险情类别等，进而指出了堤防存在的安全隐患。在此基础上，详细阐述了依托堤防工程及蓄滞洪区的地理、水文和社会经济、堤身和堤基现状。本书主要研究工作总结如下：

（1）系统回顾了堤防工程失事概率及风险分析的研究进展，统计了堤防工程中存在各种不确定性因素及其变异系数的取值范围，进行了堤防工程系统在高洪水位作用下的包括水文失事、渗透破坏和堤坡失稳在内的多破坏模式失事概率计算。

（2）发展了溃堤洪水演进数值模拟方法，采用 MIKE 21 建立洪水演算数值模型，模拟了溃堤洪水在蓄滞洪区内的演进过程，获得了设计洪水位条件下淹没范围、洪水淹没深度及流速过程线，进而估算了溃堤洪水造成的生命损失、经济损失和生态环境损失，为指导抗洪抢险，转移安置潜在风险人员奠定了基础。

（3）从湖区重点堤防避险转移实际出发，基于道路网络数据处理、转移单元分析、安置方式及安置区确定、避险影响因素设计、最优路线求解等，建立了溃堤洪水动态避险转移模型，规划了堤防溃决最优避险转移路线，实现了溃堤洪水演进数值模拟与避险转移的有机结合。并应用于三角联圩，对比分析了有无洪水影响工况下避险转移路线的差异性和可靠性，为溃堤紧急情况下为防洪预警抢险方案制定以及预案修订提供了参考。

（4）建立了基于霍尔三维结构的堤防工程系统分析模型，将堤防工程规划设计阶段、施工建造阶段及运营服务阶段的全寿命周期风险管理活动有效结合起来，搭建了堤防工程全寿命周期风险评估及管理的技术框架，阐明了风险分析中范围界定、识别风险因子及分析风险因子的工作要点，探讨了危险性分析中堤防失事破坏原因，论述了适用于不同阶段的失事概率及风险评估方法，讨论了针对不同阶段开展堤防工程风险评价与效益分析、风险调控方案选择、风险调控对策实施及动态监测、信息反馈的技术流程与实施要点。

（5）提出了堤防工程多元风险指标评价方法，从工程结构系统、预警系统和社会经济环境系统这三个方面，基于极限学习机算法构建了多元化风险评估指标体系，克服了指标单一化、片面化的缺点，提高评价准确性和降低结果主观性。相比于传统的专家评分法，极限学习机算法效率更高，并应用于康山大堤，确定堤防安全等级准则，判断堤防安全等级。

（6）结合江西省正在开展的堤防工程标准化管理工作，引入了"风险"概念，基于风险标准图采用风险矩阵法量化堤防考核系数，用考核系数作为媒介传递风险因素，量化风险对标准化管理的影响，进而构建了基于风险的堤防工程标准化管理体系，并给出了相应地降低堤防溃决风险的工程及非工程措施。

本书尽管在堤防失事概率计算、失事后果评价、避险转移以及风险评估和管理等方面取得了初步的研究成果，但是鉴于堤身水力参数及水文参数的不确定性，时间所限，本书尚有许多问题需要以后进一步深入研究：

（1）本书对溃堤洪水造成的生命损失、经济损失和生态环境损失定量评估研究不够深入，尤其是国际上对溃堤洪水造成的生态环境损失评估研究较少，在有限实测数据基础上难以直接统计计算，后面可通过对 ArcGIS 软件进行二次开发，借鉴滑坡、溃坝、泥石流等地质灾害生态环境损失评估方法及生态系统服务价值等理论来进一步完善堤防溃决损失评估。同时基于系统动力学提供的因果反馈关系分析方法，分析洪水灾害对生态环境影响产生的过程，调查洪水灾害对不同种类生态环境（包括植被净初级生产力、水源涵养、水土保持、生物多样性）的影响规律，从而为堤防溃决风险评估提供最为准确的、直观的数据分析。

（2）提出的堤防工程全寿命周期管理思维可能在实践中还存在一定的困难，框架还不够完善，可作为全寿命周期理念在堤防工程中的初探，对每个阶段的风险量化问题研究不够深入，相应的风险定性和定量评估理论及方法需要进一步完善。

（3）建立的动态避险转移模型虽然考虑了洪水的时空淹没过程，但是需要以自然村作为基本转移对象，今后应进一步缩小避险转移研究对象，实时模拟灾民撤退的动态过程，为风险人群提供更细致的避险转移参考。另外需要拓展该模型在其他蓄滞洪区或防洪保护区中的应用，基于研究区域洪水数据，输入生命、经济和生态环境数据，评价溃堤洪水灾情损失，叠加道路网络数据，规划最优的避险转移方案。

（4）借鉴前人的研究风险标准相关内容，初步制定了堤防工程风险标准用于量化考核系数，进行堤防标准化风险管理，然而该风险标准是否适合鄱阳湖区重点堤防工程仍有待进一步深入研究。

（5）目前巡堤查险工作大量依靠人力，巡查作业周期长、消耗人员多、时效性差、夜视难度大等难题，下一步需要以渗漏、管涌、散浸等常见的堤防险情为切入点，深入研究堤防险情无人机堤防巡查和人工智能快速识别技术，提升巡堤效率，减少巡堤人员投入和巡堤危险性，为提高防汛工作效率提供技术支撑。

（6）利用高科技手段，研发一套洪涝灾害应急迅捷监测移动平台，实现洪涝灾害天空地一体化应急迅捷监测，实时实地数据采集与定位、无线通信、应急决策指挥调度与作业。为达到防汛抢险与救援行动中的快速、准确、高效等要求作技术支撑，快速发现洪涝灾害险情，提高防汛效率，减少洪涝灾害受灾区的人员伤亡和财产损失。

附　录

附录1　　　　　　　　　　我国人口死亡率建议值

溃堤洪水严重性 SD＝水深×流速	警报时间 W_T/h	对洪水严重性的理解程度 UD	死 亡 率	
			建议均值	建议范围
高	无警报＜0.25	模糊	0.75	0.30～1.00
		明确	0.25	0.10～0.50
	部分警报 0.25～1.00	模糊	0.20	0.05～0.40
		明确	0.001	0.00～0.002
	充分警报＞1.00	模糊	0.18	0.01～0.30
		明确	0.0005	0.00～0.001
中	无警报＜0.25	模糊	0.50	0.10～0.80
		明确	0.075	0.02～0.12
	部分警报 0.25～1.00	模糊	0.13	0.015～0.27
		明确	0.0008	0.0005～0.002
	充分警报＞1.00	模糊	0.05	0.01～0.10
		明确	0.0004	0.0002～0.001
低	无警报＜0.25	模糊	0.03	0.001～0.05
		明确	0.01	0.00～0.02
	部分警报 0.25～1.00	模糊	0.0070	0.00～0.015
		明确	0.0006	0.00～0.001
	充分警报＞1.00	模糊	0.0003	0.00～0.0006
		明确	0.0002	0.00～0.0004

附录2 淹没区人口统计

序号	行政村及自然村	户数	人口	备注	序号	行政村及自然村	户数	人口	备注
	康山垦殖场					大塘乡			
1	甘泉洲	79	369		19	陈家塘	130	609	
2	里溪村	30	148		20	江家山	88	413	
	小计	109	517		21	同心	155	631	
					22	幸福	195	889	
3	康山管理局	5	15		23	胜利	133	742	
4	示范区管委会	16	48		24	和平	161	747	
	小计	21	63			小计	862	4031	
	康山乡					瑞洪镇			
5	大山	707	1986		25	建设村	327	1330	
6	团结				26	上西源	208	872	
7	王家	349	1413		27	东一			
8	府前	174	653		28	东二	90	456	
9	山头	172	627		29	东三			
10	金山	290	1234		30	大源垅	30	148	
	小计	1692	5913		31	下西源	118	484	
	石口镇古竹片				32	西岗	1001	4430	
11	东湾	245	1224		33	寺昌源	91	388	
12	古竹	333	1644		34	后岩	184	756	
13	后何	326	1608		35	湾头	119	439	
14	前何	181	916		36	后山	554	2419	
15	湖滨	172	865		37	把山	164	737	
16	南源	61	311		38	柏叶房	2	8	
17	院前	4	28			小计	2888	12467	
18	刘埠	59	308						
	小计	1381	6904						
	合计	6953	29895						

附录3 溃堤洪水严重程度系数 *SD*

序号	行政区域	DV 值/(m²/s)	SD	序号	行政区域	DV 值/(m²/s)	SD
1	甘泉洲	31.50	高	5	大山	25.18	高
2	里溪村	31.09	高	6	团结	28.51	高
3	康山管理局	8.07	中	7	王家	27.48	高
4	示范区管委会	19.61	高	8	府前	28.66	高

序号	行政区域	DV 值/(m²/s)	SD	序号	行政区域	DV 值/(m²/s)	SD
9	山头	32.26	高	24	和平	26.32	高
10	金山	32.21	高	25	建设村	19.89	高
11	东湾	22.33	高	26	上西源	15.45	高
12	古竹	20.16	高	27	东一	16.62	高
13	后何	26.36	高	28	东二	16.69	高
14	前何	24.54	高	29	东三	17.11	高
15	湖滨	27.61	高	30	大源坺	19.26	高
16	南源	25.32	高	31	下西源	19.69	高
17	院前	24.41	高	32	西岗	22.35	高
18	刘埠	20.07	高	33	寺昌源	20.24	高
19	陈家塘	19.89	高	34	后岩	24.15	高
20	江家山	20.82	高	35	湾头	23.62	高
21	同心	8.10	中	36	后山	20.03	高
22	幸福	23.13	高	37	把山	22.21	高
23	胜利	27.29	高	38	柏叶房	19.98	高

附录 4　　　　　　　　　　**对溃堤洪水严重性的理解程度 UD**

预警时间	0~0.25h	0.25~0.50h	0.50~0.75h	0.75~1.00h	>1.00h
白天	模糊	模糊	明确	明确	明确
夜晚	模糊	模糊	模糊	明确	明确

附录 5　　　　　　　　**生命损失直接影响因素对死亡率的影响程度 s_i 赋值**

PAR/人	s_1	SD/(m²/s)	s_2	W_T/h	s_3	UD	s_4
29895	0.7	4.6~12.0	0.5	0.00~0.25	0.9	明确	0.3
		15~25	0.8	0.25~0.50	0.7	模糊	0.7
		>25	0.9	0.50~0.75	0.5		
				0.75~1.00	0.3		
				>1.00	0.1		

附录 6　　　　　　　　**生命损失间接影响因素对死亡率的影响程度 n_i 赋值**

间接影响因素	n_1	n_2	n_3	n_4	n_5	n_6	n_7	n_8	n_9	n_{10}
特征	40%~60%	特大暴雨	白天/晚上	5~10	一般	30~50	一般	10<t<18	较高	一般
n_i 赋值	0.5	0.9	0.1/0.5	0.75	0.4	0.7	0.7	0.7	0.4	0.5

附录 7　　$W_T=0\sim0.25h$ 下溃决生命损失估算

行政区域	DV值/(m²/s)	SD	W_T/h	工况1—白天					工况2—夜晚				
				PAR/人	UD	死亡率 f	$\alpha\times\beta$	LOL/人	PAR/人	UD	死亡率 f	$\alpha\times\beta$	LOL/人
甘泉洲	31.5	高	0~0.25	185	模糊	0.35	1.03152	67	315	模糊	0.75	1.064	252
里溪村	31.09	高	0~0.25	74	模糊	0.35	1.03152	27	126	模糊	0.75	1.064	101
康山管理局	8.07	中	0~0.25	8	模糊	0.2	0.93072	1	13	模糊	0.6	0.9744	7
示范区管委会	19.61	高	0~0.25	24	模糊	0.35	0.99792	8	41	模糊	0.75	1.0416	32
大山	25.18	高	0~0.25	497	模糊	0.35	1.03152	179	849	模糊	0.75	1.064	677
团结	28.51	高	0~0.25	497	模糊	0.35	1.03152	179	849	模糊	0.75	1.064	677
王家	27.48	高	0~0.25	707	模糊	0.35	1.03152	255	1208	模糊	0.75	1.064	964
府前	28.66	高	0~0.25	327	模糊	0.35	1.03152	118	558	模糊	0.75	1.064	445
山头	32.26	高	0~0.25	314	模糊	0.35	0.99792	109	536	模糊	0.75	1.0416	419
金山	32.21	中	0~0.25	617	模糊	0.2	0.93072	115	1055	模糊	0.6	0.9744	617
东湾	22.33	高	0~0.25	612	模糊	0.35	0.99792	214	1046	模糊	0.75	1.0416	817
古竹	20.16	高	0~0.25	822	模糊	0.35	1.03152	297	1405	模糊	0.75	1.064	1121
后问	26.36	高	0~0.25	804	模糊	0.35	1.03152	290	1374	模糊	0.75	1.064	1097
前问	24.54	高	0~0.25	458	模糊	0.35	0.99792	160	783	模糊	0.75	1.0416	612
湖滨	27.61	高	0~0.25	433	模糊	0.35	0.99792	151	739	模糊	0.75	1.0416	578
南源	25.32	高	0~0.25	156	模糊	0.35	1.03152	56	266	模糊	0.75	1.064	212
院前	24.41	高	0~0.25	14	模糊	0.35	1.03152	5	24	模糊	0.75	1.064	19
刘埠	20.07	高	0~0.25	154	模糊	0.35	0.99792	54	263	模糊	0.75	1.0416	206
陈家塘	19.89	高	0~0.25	305	模糊	0.35	0.99792	106	521	模糊	0.75	1.0416	407
				7003				2392	11971				9259
江家山	20.82	高	0~0.25	207	模糊	0.35	1.03152	75	353	模糊	0.75	1.064	282
同心	8.1	高	0~0.25	316	模糊	0.35	1.03152	114	539	模糊	0.75	1.064	430

续表

行政区域	DV值/(m²/s)	SD	W_T/h	工况1—白天					工况2—夜晚				
				PAR/人	UD	死亡率 f	α×β	LOL/人	PAR/人	UD	死亡率 f	α×β	LOL/人
幸福	23.13	中	0~0.25	445	模糊	0.2	0.93072	83	760	模糊	0.6	0.9744	444
胜利	27.29	高	0~0.25	371	模糊	0.35	0.99792	130	634	模糊	0.75	1.0416	495
和平	26.32	高	0~0.25	374	模糊	0.35	1.03152	135	638	模糊	0.75	1.064	509
建设村	19.89	高	0~0.25	665	模糊	0.35	1.03152	240	1137	模糊	0.75	1.064	907
上西源	15.45	高	0~0.25	436	模糊	0.35	1.03152	157	745	模糊	0.75	1.064	595
东一	16.62	高	0~0.25	76	模糊	0.35	1.03152	27	130	模糊	0.75	1.064	104
东二	16.69	高	0~0.25	76	模糊	0.35	0.99792	27	130	模糊	0.75	1.0416	101
东三	17.11	中	0~0.25	76	模糊	0.2	0.93072	14	130	模糊	0.6	0.9744	76
大源垅	19.26	高	0~0.25	74	模糊	0.35	0.99792	26	126	模糊	0.75	1.0416	99
下西源	19.69	高	0~0.25	242	模糊	0.35	1.03152	87	414	模糊	0.75	1.064	330
西岗	22.35	高	0~0.25	2215	模糊	0.35	1.03152	800	3786	模糊	0.75	1.064	3021
寺昌源	20.24	高	0~0.25	194	模糊	0.35	0.99792	68	332	模糊	0.75	1.0416	259
后岩	24.15	高	0~0.25	378	模糊	0.35	0.99792	132	646	模糊	0.75	1.0416	505
湾头	23.62	高	0~0.25	220	模糊	0.35	1.03152	79	375	模糊	0.75	1.064	299
后山	20.03	高	0~0.25	1210	模糊	0.35	1.03152	437	2068	模糊	0.75	1.064	1650
把山	22.21	高	0~0.25	369	模糊	0.35	0.99792	129	630	模糊	0.75	1.0416	492
柏叶房	-19.98	高	0~0.25	4	模糊	0.35	0.99792	1	7	模糊	0.75	1.0416	5
				7945				2760	13580				10605

附录8 $W_T = 0.25 \sim 0.50h$ 下溃决生命损失估算

行政区域	DV值/(m²/s)	SD	W_T/h	工况1—白天					工况2—夜晚				
				PAR/人	UD	死亡率 f	α×β	LOL/人	PAR/人	UD	死亡率 f	α×β	LOL/人
甘泉洲	31.5	高	0.25~0.50	185	模糊	0.15	1.03152	29	315	模糊	0.4	1.064	134

行政区域	DV值 /(m²/s)	SD	W_T/h	工况1—白天					工况2—夜晚				
				PAR/人	UD	死亡率 f	$\alpha \times \beta$	LOL/人	PAR/人	UD	死亡率 f	$\alpha \times \beta$	LOL/人
里溪村	31.09	高	0.25~0.50	74	模糊	0.15	1.03152	11	126	模糊	0.4	1.064	54
康山管理局	8.07	中	0.25~0.50	8	模糊	0.1	0.93072	1	13	模糊	0.27	0.9744	3
示范区管委会	19.61	高	0.25~0.50	24	模糊	0.15	0.99792	4	41	模糊	0.4	1.0416	17
大山	25.18	高	0.25~0.50	497	模糊	0.15	1.03152	77	849	模糊	0.4	1.064	361
团结	28.51	高	0.25~0.50	497	模糊	0.15	1.03152	77	849	模糊	0.4	1.064	361
王家	27.48	高	0.25~0.50	707	模糊	0.15	1.03152	109	1208	模糊	0.4	1.064	514
府前	28.66	高	0.25~0.50	327	模糊	0.15	1.03152	51	558	模糊	0.4	1.064	238
山头	32.26	高	0.25~0.50	314	模糊	0.15	0.99792	47	536	模糊	0.4	1.0416	223
金山	32.21	中	0.25~0.50	617	模糊	0.15	0.93072	86	1055	模糊	0.4	0.9744	411
东湾	22.33	高	0.25~0.50	612	模糊	0.15	0.99792	92	1046	模糊	0.4	1.0416	436
古竹	20.16	高	0.25~0.50	822	模糊	0.15	1.03152	127	1405	模糊	0.4	1.064	598
后何	26.36	高	0.25~0.50	804	模糊	0.15	1.03152	124	1374	模糊	0.4	1.064	585
前何	24.54	高	0.25~0.50	458	模糊	0.15	0.99792	69	783	模糊	0.4	1.0416	326
湖溪	27.61	高	0.25~0.50	433	模糊	0.15	0.99792	65	739	模糊	0.4	1.0416	308
南源	25.32	高	0.25~0.50	156	模糊	0.15	1.03152	24	266	模糊	0.4	1.064	113
院前	24.41	高	0.25~0.50	14	模糊	0.15	1.03152	2	24	模糊	0.4	1.064	10
刘埠	20.07	高	0.25~0.50	154	模糊	0.15	0.99792	23	263	模糊	0.4	1.0416	110
陈家塘	19.89	高	0.25~0.50	305	模糊	0.15	0.99792	46	521	模糊	0.4	1.0416	217
				7003				1062	11971				5020
江家山	20.82	高	0.25~0.50	207	模糊	0.15	1.03152	32	353	模糊	0.4	1.064	150
同心	8.1	高	0.25~0.50	316	模糊	0.15	1.03152	49	539	模糊	0.4	1.064	230
幸福	23.13	中	0.25~0.50	445	模糊	0.1	0.93072	41	760	模糊	0.27	0.9744	200

续表

行政区域	DV值/(m²/s)	SD	W_T/h	工况1—白天					工况2—夜晚				
				PAR/人	UD	死亡率f	α×β	LOL/人	PAR/人	UD	死亡率f	α×β	LOL/人
胜利	27.29	高	0.25~0.50	371	模糊	0.15	0.99792	56	634	模糊	0.4	1.0416	264
和平	26.32	高	0.25~0.50	374	模糊	0.15	1.03152	58	638	模糊	0.4	1.064	272
建设村	19.89	高	0.25~0.50	665	模糊	0.15	1.03152	103	1137	模糊	0.4	1.064	484
上西源	15.45	高	0.25~0.50	436	模糊	0.15	1.03152	67	745	模糊	0.4	1.064	317
东一	16.62	高	0.25~0.50	76	模糊	0.15	1.03152	12	130	模糊	0.4	1.064	55
东二	16.69	高	0.25~0.50	76	模糊	0.15	0.99792	11	130	模糊	0.4	1.0416	54
东三	17.11	中	0.25~0.50	76	模糊	0.15	0.93072	11	130	模糊	0.4	0.9744	51
大源坑	19.26	高	0.25~0.50	74	模糊	0.15	0.99792	11	126	模糊	0.4	1.0416	53
下西源	19.69	高	0.25~0.50	242	模糊	0.15	1.03152	37	414	模糊	0.4	1.064	176
西岗	22.35	高	0.25~0.50	2215	模糊	0.15	1.03152	343	3786	模糊	0.4	1.064	1611
寺昌源	20.24	高	0.25~0.50	194	模糊	0.15	0.99792	29	332	模糊	0.4	1.0416	138
后岩	24.15	高	0.25~0.50	378	模糊	0.15	0.99792	57	646	模糊	0.4	1.064	269
湾头	23.62	高	0.25~0.50	220	模糊	0.15	1.03152	34	375	模糊	0.4	1.064	160
后山	20.03	高	0.25~0.50	1210	模糊	0.15	1.03152	187	2068	模糊	0.4	1.064	880
把山	22.21	高	0.25~0.50	369	模糊	0.15	0.99792	55	630	模糊	0.4	1.0416	262
柏叶房	19.98	高	0.25~0.50	4	模糊	0.15	0.99792	1	7	模糊	0.4	1.0416	3
				7945				1193	13580				5629

附录9　$W_T = 0.50\sim0.75\mathrm{h}$ 下溃决生命损失估算

行政区域	DV值/(m²/s)	SD	W_T/h	工况1—白天					工况2—夜晚				
				PAR/人	UD	死亡率f	α×β	LOL/人	PAR/人	UD	死亡率f	α×β	LOL/人
甘泉洲	31.5	高	0.50~0.75	185	模糊	0.01	1.03152	2	315	模糊	0.2	1.064	67
里溪村	31.09	高	0.50~0.75	74	模糊	0.01	1.03152	1	126	模糊	0.2	1.064	27

续表

行政区域	DV值/(m²/s)	SD	W_T/h	工况1—白天					工况2—夜晚				
				PAR/人	UD	死亡率 f	$\alpha\times\beta$	LOL/人	PAR/人	UD	死亡率 f	$\alpha\times\beta$	LOL/人
康山管理局	8.07	中	0.50~0.75	8	模糊	0.008	0.93072	0	13	模糊	0.15	0.9744	2
示范区管委会	19.61	高	0.50~0.75	24	模糊	0.01	0.99792	0	41	模糊	0.2	1.0416	9
大山	25.18	高	0.50~0.75	497	模糊	0.01	1.03152	5	849	模糊	0.2	1.064	181
团结	28.51	高	0.50~0.75	497	模糊	0.01	1.03152	5	849	模糊	0.2	1.064	181
王家	27.48	高	0.50~0.75	707	模糊	0.01	1.03152	7	1208	模糊	0.2	1.064	257
府前	28.66	高	0.50~0.75	327	模糊	0.01	1.03152	3	558	模糊	0.2	1.064	119
山头	32.26	高	0.50~0.75	314	模糊	0.01	0.99792	3	536	模糊	0.2	1.0416	112
金山	32.21	中	0.50~0.75	617	模糊	0.01	0.93072	6	1055	模糊	0.2	0.9744	206
东湾	22.33	高	0.50~0.75	612	模糊	0.01	0.99792	6	1046	模糊	0.2	1.0416	218
古竹	20.16	高	0.50~0.75	822	模糊	0.01	1.03152	8	1405	模糊	0.2	1.064	299
后何	26.36	高	0.50~0.75	804	模糊	0.01	1.03152	8	1374	模糊	0.2	1.064	292
前何	24.54	高	0.50~0.75	458	模糊	0.01	0.99792	5	783	模糊	0.2	1.0416	163
湖溪	27.61	高	0.50~0.75	433	模糊	0.01	0.99792	4	739	模糊	0.2	1.0416	154
南源	25.32	高	0.50~0.75	156	模糊	0.01	1.03152	2	266	模糊	0.2	1.064	57
院前	24.41	高	0.50~0.75	14	模糊	0.01	1.03152	0	24	模糊	0.2	1.064	5
刘埠	20.07	高	0.50~0.75	154	模糊	0.01	0.99792	2	263	模糊	0.2	1.0416	55
陈家塘	19.89	高	0.50~0.75	305	模糊	0.01	0.99792	3	521	模糊	0.2	1.0416	108
				7003				71	11971				2510
江家山	20.82	高	0.50~0.75	207	模糊	0.01	1.03152	2	353	模糊	0.2	1.064	75
同心	8.1	高	0.50~0.75	316	模糊	0.01	1.03152	3	539	模糊	0.2	1.064	115
幸福	23.13	中	0.50~0.75	445	模糊	0.008	0.93072	3	760	模糊	0.15	0.9744	111
胜利	27.29	高	0.50~0.75	371	模糊	0.01	0.99792	4	634	模糊	0.2	1.0416	132

续表

行政区域	DV值/(m²/s)	SD	W_T/h	工况1—白天					工况2—夜晚				
				PAR/人	UD	死亡率 f	$\alpha \times \beta$	LOL/人	PAR/人	UD	死亡率 f	$\alpha \times \beta$	LOL/人
和平	26.32	高	0.50~0.75	374	模糊	0.01	1.03152	4	638	模糊	0.2	1.064	136
建设村	19.89	高	0.50~0.75	665	模糊	0.01	1.03152	7	1137	模糊	0.2	1.064	242
上西源	15.45	高	0.50~0.75	436	模糊	0.01	1.03152	4	745	模糊	0.2	1.064	159
东一	16.62	高	0.50~0.75	76	模糊	0.01	1.03152	1	130	模糊	0.2	1.064	28
东二	16.69	高	0.50~0.75	76	模糊	0.01	0.99792	1	130	模糊	0.2	1.0416	27
东三	17.11	中	0.50~0.75	76	模糊	0.01	0.93072	1	130	模糊	0.2	0.9744	25
大源坂	19.26	高	0.50~0.75	74	模糊	0.01	0.99792	1	126	模糊	0.2	1.0416	26
下西源	19.69	高	0.50~0.75	242	模糊	0.01	1.03152	2	414	模糊	0.2	1.064	88
西岗	22.35	高	0.50~0.75	2215	模糊	0.01	1.03152	23	3786	模糊	0.2	1.064	806
寺昌源	20.24	高	0.50~0.75	194	模糊	0.01	0.99792	2	332	模糊	0.2	1.0416	69
后岩	24.15	高	0.50~0.75	378	模糊	0.01	0.99792	4	646	模糊	0.2	1.0416	135
湾头	23.62	高	0.50~0.75	220	模糊	0.01	1.03152	2	375	模糊	0.2	1.064	80
后山	20.03	高	0.50~0.75	1210	模糊	0.01	1.03152	12	2068	模糊	0.2	1.064	440
把山	22.21	高	0.50~0.75	369	模糊	0.01	0.99792	4	630	模糊	0.2	1.0416	131
柏叶房	19.98	高	0.50~0.75	4	模糊	0.01	0.99792	0	7	模糊	0.2	1.0416	1
				7945				80	13580				2826

附录 10 $W_T = 0.75 \sim 1.00$h 下溃决生命损失估算

行政区域	DV值/(m²/s)	SD	W_T/h	工况1—白天					工况2—夜晚				
				PAR/人	UD	死亡率 f	$\alpha \times \beta$	LOL/人	PAR/人	UD	死亡率 f	$\alpha \times \beta$	LOL/人
甘泉洲	31.5	高	0.75~1.00	185	模糊	0.0008	1.03152	0	315	模糊	0.0015	1.064	1
里溪村	31.09	高	0.75~1.00	74	模糊	0.0008	1.03152	0	126	模糊	0.0015	1.064	0
康山管理局	8.07	中	0.75~1.00	8	模糊	0.005	0.93072	0	13	模糊	0.0015	0.9744	0

续表

行政区域	DV值/(m²/s)	SD	W_T/h	工况1—白天					工况2—夜晚				
				PAR/人	UD	死亡率 f	α×β	LOL/人	PAR/人	UD	死亡率 f	α×β	LOL/人
示范区管委会	19.61	高	0.75~1.00	24	模糊	0.0008	0.99792	0	41	模糊	0.0015	1.0416	0
大山	25.18	高	0.75~1.00	497	模糊	0.0008	1.03152	0	849	模糊	0.0015	1.064	1
团结	28.51	高	0.75~1.00	497	模糊	0.0008	1.03152	0	849	模糊	0.0015	1.064	1
王家	27.48	高	0.75~1.00	707	模糊	0.0008	1.03152	1	1208	模糊	0.0015	1.064	2
府前	28.66	高	0.75~1.00	327	模糊	0.0008	1.03152	0	558	模糊	0.0015	1.064	1
山头	32.26	高	0.75~1.00	314	模糊	0.0008	0.99792	0	536	模糊	0.0015	1.0416	1
金山	32.21	中	0.75~1.00	617	模糊	0.0008	0.93072	0	1055	模糊	0.0015	0.9744	2
东湾	22.33	高	0.75~1.00	612	模糊	0.0008	0.99792	0	1046	模糊	0.0015	1.0416	2
古竹	20.16	高	0.75~1.00	822	模糊	0.0008	1.03152	1	1405	模糊	0.0015	1.064	2
后何	26.36	高	0.75~1.00	804	模糊	0.0008	1.03152	1	1374	模糊	0.0015	1.064	2
前何	24.54	高	0.75~1.00	458	模糊	0.0008	0.99792	0	783	模糊	0.0015	1.0416	1
湖滨	27.61	高	0.75~1.00	433	模糊	0.0008	0.99792	0	739	模糊	0.0015	1.0416	1
南源	25.32	高	0.75~1.00	156	模糊	0.0008	1.03152	0	266	模糊	0.0015	1.064	0
院前	24.41	高	0.75~1.00	14	模糊	0.0008	1.03152	0	24	模糊	0.0015	1.064	0
刘埠	20.07	高	0.75~1.00	154	模糊	0.0008	0.99792	0	263	模糊	0.0015	1.064	0
陈家塘	19.89	高	0.75~1.00	305	模糊	0.0008	0.99792	0	521	模糊	0.0015	1.0416	1
				7003				6	11971				19
江家山	20.82	高	0.75~1.00	207	模糊	0.0008	1.03152	0	353	模糊	0.0015	1.064	1
同心	8.1	高	0.75~1.00	316	模糊	0.0008	1.03152	0	539	模糊	0.0015	1.064	1
幸福	23.13	中	0.75~1.00	445	模糊	0.005	0.93072	2	760	模糊	0.0015	0.9744	1
胜利	27.29	高	0.75~1.00	371	模糊	0.0008	0.99792	0	634	模糊	0.0015	1.0416	1
和平	26.32	高	0.75~1.00	374	模糊	0.0008	1.03152	0	638	模糊	0.0015	1.064	1

续表

行政区域	DV值/(m²/s)	SD	W_T/h	工况1—白天					工况2—夜晚				
				PAR/人	UD	死亡率 f	α×β	LOL/人	PAR/人	UD	死亡率 f	α×β	LOL/人
建设村	19.89	高	0.75~1.00	665	模糊	0.0008	1.03152	1	1137	模糊	0.0015	1.064	2
上西源	15.45	高	0.75~1.00	436	模糊	0.0008	1.03152	0	745	模糊	0.0015	1.064	1
东一	16.62	高	0.75~1.00	76	模糊	0.0008	1.03152	0	130	模糊	0.0015	1.064	0
东二	16.69	高	0.75~1.00	76	模糊	0.0008	0.99792	0	130	模糊	0.0015	1.0416	0
东三	17.11	中	0.75~1.00	76	模糊	0.0008	0.93072	0	130	模糊	0.0015	0.9744	0
大源垅	19.26	高	0.75~1.00	74	模糊	0.0008	0.99792	0	126	模糊	0.0015	1.0416	0
下西源	19.69	高	0.75~1.00	242	模糊	0.0008	1.03152	0	414	模糊	0.0015	1.064	1
西岗	22.35	高	0.75~1.00	2215	模糊	0.0008	1.03152	2	3786	模糊	0.0015	1.064	6
寺昌源	20.24	高	0.75~1.00	194	模糊	0.0008	0.99792	0	332	模糊	0.0015	1.0416	1
后岩	24.15	高	0.75~1.00	378	模糊	0.0008	0.99792	0	646	模糊	0.0015	1.0416	1
湾头	23.62	高	0.75~1.00	220	模糊	0.0008	1.03152	0	375	模糊	0.0015	1.064	1
后山	20.03	高	0.75~1.00	1210	模糊	0.0008	1.03152	1	2068	模糊	0.0015	1.064	3
把山	22.21	高	0.75~1.00	369	模糊	0.0008	0.99792	0	630	模糊	0.0015	1.0416	1
柏叶房	19.98	高	0.75~1.00	4	模糊	0.0008	0.99792	0	7	模糊	0.0015	1.0416	0
				7945				8	13580				21

附录 11 $W_T>1.00$h 下溃决生命损失估算

行政区域	DV值/(m²/s)	SD	W_T/h	工况1—白天					工况2—夜晚				
				PAR/人	UD	死亡率 f	α×β	LOL/人	PAR/人	UD	死亡率 f	α×β	LOL/人
甘泉洲	31.5	高	>1.00	185	模糊	0.0001	1.03152	0	315	模糊	0.00025	1.064	0
里溪村	31.09	高	>1.00	74	模糊	0.0001	1.03152	0	126	模糊	0.00025	1.064	0
康山管理局	8.07	中	>1.00	8	模糊	0.00008	0.93072	0	13	模糊	0.0002	0.9744	0

续表

行政区域	DV值 /(m²/s)	SD	W_T/h	工况1—白天					工况2—夜晚				
				PAR/人	UD	死亡率 f	α×β	LOL/人	PAR/人	UD	死亡率 f	α×β	LOL/人
示范区管委会	19.61	高	>1.00	24	模糊	0.0001	0.99792	0	41	模糊	0.00025	1.0416	0
大山	25.18	高	>1.00	497	模糊	0.0001	1.03152	0	849	模糊	0.00025	1.064	0
团结	28.51	高	>1.00	497	模糊	0.0001	1.03152	0	849	模糊	0.00025	1.064	0
王家	27.48	高	>1.00	707	模糊	0.0001	1.03152	0	1208	模糊	0.00025	1.064	0
府前	28.66	高	>1.00	327	模糊	0.0001	1.03152	0	558	模糊	0.00025	1.064	0
山头	32.26	高	>1.00	314	模糊	0.0001	0.99792	0	536	模糊	0.00025	1.0416	0
金山	32.21	中	>1.00	617	模糊	0.0001	0.93072	0	1055	模糊	0.00025	0.9744	0
东湾	22.33	高	>1.00	612	模糊	0.0001	0.99792	0	1046	模糊	0.00025	1.0416	0
古竹	20.16	高	>1.00	822	模糊	0.0001	1.03152	0	1405	模糊	0.00025	1.064	0
后何	26.36	高	>1.00	804	模糊	0.0001	1.03152	0	1374	模糊	0.00025	1.064	0
前何	24.54	高	>1.00	458	模糊	0.0001	0.99792	0	783	模糊	0.00025	1.0416	0
湖溪	27.61	高	>1.00	433	模糊	0.0001	0.99792	0	739	模糊	0.00025	1.0416	0
南源	25.32	高	>1.00	156	模糊	0.0001	1.03152	0	266	模糊	0.00025	1.064	0
院前	24.41	高	>1.00	14	模糊	0.0001	1.03152	0	24	模糊	0.00025	1.064	0
刘垟	20.07	高	>1.00	154	模糊	0.0001	0.99792	0	263	模糊	0.00025	1.0416	0
陈家塘	19.89	高	>1.00	305	模糊	0.0001	0.99792	0	521	模糊	0.00025	1.0416	0
				7003				1	11971				3
江家山	20.82	高	>1.00	207	模糊	0.0001	1.03152	0	353	模糊	0.00025	1.064	0
同心	8.1	高	>1.00	316	模糊	0.0001	1.03152	0	539	模糊	0.00025	1.064	0

续表

行政区域	DV值/(m²/s)	SD	W_T/h	工况1—白天					工况2—夜晚				
				PAR/人	UD	死亡率 f	$\alpha \times \beta$	LOL/人	PAR/人	UD	死亡率 f	$\alpha \times \beta$	LOL/人
幸福	23.13	中	>1.00	445	模糊	0.00008	0.93072	0	760	模糊	0.0002	0.9744	0
胜利	27.29	高	>1.00	371	模糊	0.0001	0.99792	0	634	模糊	0.00025	1.0416	0
和平	26.32	高	>1.00	374	模糊	0.0001	1.03152	0	638	模糊	0.00025	1.064	0
建设村	19.89	高	>1.00	665	模糊	0.0001	1.03152	0	1137	模糊	0.00025	1.064	0
上西源	15.45	高	>1.00	436	模糊	0.0001	1.03152	0	745	模糊	0.00025	1.064	0
东一	16.62	高	>1.00	76	模糊	0.0001	1.03152	0	130	模糊	0.00025	1.064	0
东二	16.69	高	>1.00	76	模糊	0.0001	0.99792	0	130	模糊	0.00025	1.064	0
东三	17.11	中	>1.00	76	模糊	0.0001	0.93072	0	130	模糊	0.00025	0.9744	0
大源垅	19.26	高	>1.00	74	模糊	0.0001	0.99792	0	126	模糊	0.00025	1.0416	0
下西源	19.69	高	>1.00	242	模糊	0.0001	1.03152	0	414	模糊	0.00025	1.064	0
西岗	22.35	高	>1.00	2215	模糊	0.0001	1.03152	0	3786	模糊	0.00025	1.064	1
寺昌源	20.24	高	>1.00	194	模糊	0.0001	0.99792	0	332	模糊	0.00025	1.0416	0
后岩	24.15	高	>1.00	378	模糊	0.0001	0.99792	0	646	模糊	0.00025	1.0416	0
湾头	23.62	高	>1.00	220	模糊	0.0001	1.03152	0	375	模糊	0.00025	1.064	0
后山	20.03	高	>1.00	1210	模糊	0.0001	1.03152	0	2068	模糊	0.00025	1.064	1
把山	22.21	高	>1.00	369	模糊	0.0001	0.99792	0	630	模糊	0.00025	1.064	0
柏叶房	19.98	高	>1.00	4	模糊	0.0001	0.99792	0	7	模糊	0.00025	1.0416	0
				7945				1	13580				4

附录 12   **康山蓄滞洪区农作物面积和产量**

乡、镇、场名称	稻谷 面积/亩	稻谷 产量/t	玉米 面积/亩	玉米 产量/t	大豆 面积/亩	大豆 产量/t	薯类 面积/亩	薯类 产量/t	油料 面积/亩	油料 产量/t	棉花 面积/亩	棉花 产量/t	其他 面积/亩	其他 产量/t
瑞洪镇	144621	59398	499	133	768	810	1071	289	37141	3830	—	—	936	2202
石口镇	123067	56139	131	50	1446	164	286	55	8665	948	421	27	516	1801
康山乡	45922	19287	348	110	479	62	33	13	412	41	—	—	309	631
大塘乡	20014	8496	437	131	218	24	128	31	2714	291	—	—	502	1389
康山垦殖场	83924	34945	0	0	216	32	51	8	3689	374	—	—	211	767
合计	417548	178265	1415	424	3127	1092	1569	396	52621	5484	421	27	2474	6790

附录 13   **农作物淹没等级与直接经济损失率之间的关系**   %

水深/m	≤0.5				0.5~0.99				≥0.99			
历时/d	1~2	3~4	4~6	≥6	1~2	3~4	4~6	≥6	1~2	3~4	4~6	≥6
稻谷	41	50	56	70	49	69	75	86	67	84	94	100
玉米	47	60	80	80	72	75	90	100	78	100	78	100
大豆	53	71	84	97	65	79	95	100	80	90	100	100
薯类	62	76	89	92	78	92	100	100	100	100	100	100
棉花	55	68	76	90	69	85	97	100	84	100	100	100
油料	50	60	72	90	65	81	95	100	80	100	100	100
其他	57	72	84	97	70	80	100	100	100	100	100	100

附录 14   **康山蓄滞洪区溃堤洪水造成的农业损失统计**   单位：万元

乡、镇、场名称	稻谷	玉米	大豆	薯类	油料	棉花	其他	合计
瑞洪镇	11999.58	21.28	729.00	40.46	2681.00	0.00	1321.20	16792.52
石口镇	11341.20	8.00	147.60	7.70	663.60	43.20	1080.60	13291.90
康山乡	3107.81	13.73	4960.00	1.82	22.96	0.00	378.60	8484.92
大塘乡	1369.00	16.35	1920.00	4.34	162.96	0.00	833.40	4306.05
康山垦殖场	8404.27	0.00	32.00	1.12	261.80	0.00	460.20	9159.39
合计								52034.79

附录 15   **康山蓄滞洪区林、牧、渔业统计**

乡、镇、场名称	猪肉/t	牛肉/t	羊肉/t	禽肉/t	鱼年产量/kg	林年产量/m³
瑞洪镇	1935	368	2	728	26846	0
石口镇	974	43		1610	5763	876
康山乡	271	46	2	83	6453876	0

乡、镇、场名称	猪肉/t	牛肉/t	羊肉/t	禽肉/t	鱼年产量/kg	林年产量/m³
大塘乡	241	30		116	8839400	13000
康山垦殖场	1794	85		82	125000	60
康山大堤管理局					1728	0
大湖管理局					800	0

附录 16　　　　康山蓄滞洪区溃堤洪水造成的林、牧、渔业损失统计　　　　单位：万元

乡、镇、场名称	猪肉损失	牛肉损失值	羊肉损失值	禽肉损失值	渔业损失值	林业损失值	合计
瑞洪镇	526.32	736.00	3.20	291.20	43.49	0	1600.21
石口镇	264.93	86.00	0	644.00	9.34	26.28	1030.54
康山乡	73.71	92.00	3.20	33.20	10455.28	0	10657.39
大塘乡	65.55	60.00		46.40	14319.83	390.00	14881.78
康山垦殖场	487.97	170.00		32.80	202.50	1.80	895.07
康山大堤管理局					2.80	0	2.80
大湖管理局					1.30	0.00	1.30
总计							29069.09

附录 17　　　　　农村居民平均每户生活住房情况

平均每人住房面积	平均每平方米房屋价值	房屋年折旧率	平均每平方米房屋年末净值
59m²	880 元	4.79%	820.25 元

附录 18　　　　　居民家庭财产损失率统计　　　　　%

水深/m	0～0.5	0.5～1.0	1.0～2.0	2.0～3.0	>3.0
农村房屋	1	8	13	17	21
农村生产性工具	1	12	22	31	36

附录 19　　　　农村家庭用户主要生产性固定资产数量及固定资产值

项目	固定资产数量/(台、个)	固定资产值/(元/m²)	项目	固定资产数量/(台、个)	固定资产值/(元/m²)
机动脱粒机	0.0653	0.7	水泵	0.158	1.7
胶轮大车	0.0711	0.8	役畜	0.5142	4.6
架子车	0.73	1.2	产品畜	0.2681	2.4
抽水机	0.0392	0.4			

附录 20　　　　农民家庭平均每户生产性固定资产原价

指标	价值/元	指标	价值/元
役畜	695.23	工业机械	61.32
铁木农具	323.51	运输机械	320.61
农用机械	809.22		